全国高职高专规划教材·计算机系列

C++ 面向对象程序设计

（第二版）

崔永红　编　著

北京大学出版社

PEKING UNIVERSITY PRESS

内 容 简 介

　　本书系统讲授 C++ 面向对象程序设计，主要内容包括：简单程序设计、控制语句、函数、类与对象、数组、指针、继承与派生、多态性、面向对象程序设计方法、输入/输出流和异常处理、面向对象程序设计方法、实验指导。

　　针对高职高专学生的认知特点，本书内容系统全面、讲述深入浅出、重点突出应用。为加强实验环节，书中配有大量习题、复习题和实验指导，书后附有复习题答案。

　　本书适用作高等职业学校、高等专科学校、民办学校理工类各专业程序设计课程的教材或参考书，也可供本科学生及应用开发人员学习参考。

图书在版编目（CIP）数据

C++ 面向对象程序设计/崔永红编著. —2 版. —北京：北京大学出版社，2014.1
（全国高职高专规划教材·计算机系列）
ISBN 978-7-301-23408-2

Ⅰ．①C…　Ⅱ．①崔…　Ⅲ．①C 语言－程序设计－高等职业教育－教材
Ⅳ．①TP312

中国版本图书馆 CIP 数据核字（2013）第 256584 号

书　　　名：C++ 面向对象程序设计（第二版）
著作责任者：崔永红　编著
策 划 编 辑：温丹丹
责 任 编 辑：温丹丹
标 准 书 号：ISBN 978-7-301-23408-2/TP·1311
出 版 发 行：北京大学出版社
地　　　址：北京市海淀区成府路 205 号　100871
网　　　址：http://www.pup.cn　新浪官方微博：@北京大学出版社
电 子 信 箱：zyjy@pup.cn
电　　　话：邮购部 62752015　发行部 62750672　编辑部 62765126　出版部 62754962
印　刷　者：北京富生印刷厂
经　销　者：新华书店
　　　　　　787 毫米×1092 毫米　16 开本　15.75 印张　383 千字
　　　　　　2005 年 8 月第 1 版
　　　　　　2014 年 1 月第 2 版　2014 年 1 月第 1 次印刷　总第 3 次印刷
定　　　价：34.00 元

第二版前言

C++ 是面向对象程序设计语言中最流行的语言之一。C++ 保持了 C 语言简洁高效的优点，并对 C 语言进行了改进和扩充，在面向对象程序设计中，C++ 是使用最广泛的一种语言。本书是学习 C++ 的入门教材，概括起来，具有以下特点。

（1）系统全面。从入门开始，系统全面的介绍了 C++ 的基础知识、基本理论及基本应用，以便形成一个完整的知识理论体系，帮助读者全面理解面向对象程序设计方法。

（2）深入浅出。对基本概念，多以实例说明。如对类、对象、继承等抽象概念，以实例进行说明，力求简单易懂，深入浅出。

（3）突出应用。针对高职高专人才培养特点，旨在应用。各章配有大量实例和典型程序，专设一章进行综合实训、项目设计、综合应用。课后习题中，配有丰富的程序分析题，同时配有实验指导。

本书分 11 章。第 1～3 章为 C++ 的基本内容，包括基本数据类型、运算符与表达式、控制语句、函数；第 4 章讲述类与对象；第 5、6 章讲述数组、指针；第 7～9 章讲述继承、派生与多态等面向对象程序设计的理论、方法及输入/输出流；第 10 章讲述面向对象程序设计方法；第 11 章为实验指导，配合 1～9 章使用。

本书第二版增加了模板、常对象和常成员、异常处理等内容，第 1～9 章配有复习题，书后附有复习题答案。

本书的程序都在 Visual C++ 6.0 版本的编译系统下调试通过。

受编者水平所限，书中难免存在错漏之处，敬请读者批评指正。

编 者
2013 年 12 月

目　　录

第1章　简单程序设计

1.1　基本符号

任何一种程序设计语言都有它自己的基本符号集，这些基本符号按一定的语法规则构成语句，合适的语句序列再组成程序。C++ 语言的基本符号由基本字符和词法符号组成。

1.1.1　基本字符

基本字符是构成 C++ 语言的基本元素。

在编写程序时，除字符型数据外，其他成分只能由基本字符构成。C++ 语言的基本字符包括以下三类。

字母字符：A～Z，a～z。

数字字符：0～9。

特殊字符：～ ！# 空格 % ^ & ? | * _ + - = < > / \ ' " : ; . , ( ) [ ] { }。

1.1.2　词法符号

词法符号是程序中不可再分的最小单位。

C++ 的词法符号包括：关键字、标识符、常量、运算符、分隔符。本节仅介绍关键字、标识符，其余在后面的章节介绍。

1. 关键字

关键字在计算机中有预定的含义。关键字又称保留字，它们不能再被用户重新定义使用。C++ 的关键字有：

auto	bool	break	case	catch	char
class	const	const_cast	continue	default	delete
do	double	dynamic_cast	else	enum	explicit
extern	false	float	for	friend	goto
if	inline	int	long	mutable	namespace
new	operator	private	protected	public	register
register_cast	return	short	signed	sizeof	static
static_cast	struct	switch	template	this	throw
true	try	typedef	typeid	typename	union
unsigned	using	virtual	void	volatile	while

2. 标识符

标识符是由程序员定义的符号。C++ 语言的标识符可以用作变量名、常量名、函数名、数组名、类名等。C++ 语言标识符的命名规则如下：

- 由字母、数字及下划线组成；
- 以字母或下划线开始；
- C++ 区分大小写；
- 不能是 C++ 关键字。

例如：3abc、∗abc 是不合法的标识符。

1.2 基本数据类型

C++ 数据类型分基本数据类型和自定义数据类型。

基本数据类型又可分为字符型、整型、浮点型、void 型和布尔型。表 1-1 列出了C++ 的基本数据类型。

表 1-1 基本数据类型

类　型	名　称	类型名	字节数	取值范围
整型	短整型	short	2	$-32768 \sim 32767$
	整型	int	4	$-2147483648 \sim +2147483647$
	长整型	long	4	$-2147483648 \sim +2147483647$
	无符号短整型	unsigned short	2	$0 \sim 65535$
	无符号整型	unsigned	4	$0 \sim 4294967295$
	无符号长整型	unsigned long	4	$0 \sim 4294967295$
浮点	单精度浮点型	float	4	$-3.4 \times 10^{38} \sim 3.4 \times 10^{38}$
	双精度浮点型	double	8	$-1.7 \times 10^{308} \sim 1.7 \times 10^{308}$
	长双精度浮点型	long double	8	$-1.7 \times 10^{308} \sim 1.7 \times 10^{308}$
字符型	字符型	char	1	$-128 \sim 127$
	无符号字符型	unsigned char	1	$0 \sim 255$

有符号整数在计算机内常常是以二进制补码形式存储的。布尔型（bool）数据的取值是 true（真）和 false（假）。

1.3 变　　量

变量是程序运行过程中可以变化的量。

C++ 语言规定变量在使用前需要先声明其类型名和变量名。类型名用来说明变量的数据类型，变量名用来标识特定的变量。变量的声明格式如下。

　　格式一：**数据类型　变量名 1，变量名 2，…，变量名 n；**

　　格式二：**数据类型　变量名 1 = 初始值 1，变量名 2 = 初始值 2，…，变量名 n = 初**始值 n；

　　格式三：**数据类型　变量名（初始值）；**

　　例如：

```
int x;      //声明 x 为整型变量
char x;     //声明 x 为字符型变量
float x,X,y;      //声明 x,X,y 为 浮点型变量
float a = 3.14;   //声明 a 为浮点型变量,并给 a 赋初值 3.14
int a(9);      //声明 a 为整型变量,并给 a 赋初值 9
int a,b = 9;   //声明 a,b 为整型变量,并给 b 赋初值 9
char a = 'm';  //声明 a 为字符型变量,并给 a 赋初值 m
long length;   //声明 length 为长整型变量
```

　　说明：注释是用来对程序进行注解和说明。当程序被编译时，编译程序会自动忽略注释部分。

　　C++ 的注释有如下两种格式。

　　格式一：// 注释语句

　　格式二：/ * 注释语句 * /

1.4　常　　量

　　常量是程序运行过程中其值不可改变的量。常量分为数值常量和符号常量。

1.4.1　数值常量

1. 整型常量

　　整型常量即是整数。整型常量可以用十进制、八进制、十六进制表示。十进制不能以 0 开头，八进制必须以 0 开头，十六进制必须以 0x（或 0X）开头。整型常量可以用后缀 l（或 L）表示长整型，后缀 u（或 U）表示无符号整型；也可同时用后缀 l（或 L）和 u（或 U）。例如：

```
999,0777,-0xffff,
-9L   //长整数 -9
123456ul //无符号长整数 123456
```

2. 实型常量

　　实型常量即是实数。实型常量可以用一般形式和指数形式表示。实型常量默认为 double 型，如果后缀为 f（或 F），则为 float 型；如果后缀为 l（或 L），则为 long double

型。实型常量只采用十进制表示。例如：

```
9.11f,9.11,9.11L
 -9.11e+3f   //表示-9.11×10³.
```

3. 字符常量

字符常量是由单引号括起来的一个字符，如'a','x','?'等。反斜杠被用作转义符，它与一些字母组合，可组成单个的字符，用来表示一些特殊的含义，表1-2列出了C++的预定义的转义序列。

表1-2　C++的预定义的转义序列

字 符 常 量	含　　义
\ a	响铃
\ n	换行符
\ r	回车符
\ t	制表符（tab键）
\ v	垂直制表符
\ '	单引号
\ "	双引号
\\	字符"\"
\ 0	空字符

4. 字符串常量

字符串常量是由双引号括起来的字符序列，如"C++","abxy"等。

1.4.2　符号常量

符号常量就是用一个标识符代表某个常量。符号常量可用关键字const声明，格式如下：

const 数据类型 常量名 =常数值；

或　**数据类型** const **常量名** =常数值；

例如：const　int　a=123;　//定义a为整型常量,其值为123.

1.5　运算符与表达式

运算是对数据进行处理和计算的过程，记述各种运算的符号称为运算符，参与运算的数据称为操作数。对一个操作数作用的运算符称为一元运算符，对两个操作数作用的运算符称为二元运算符，对三个操作数作用的运算符称为三元运算符。表达式是表述一系列操作数及其运算的式子。表达式由运算符、操作数和括号组成。

1.5.1 算术运算符

C++ 的算术运算符有：+ 、 – （减或取负）、 * 、/ 、% 、 ++ 、 ── 。

表 1-3 是 C++ 算术运算符的简表（表中假设 a = 9，b = 3）。

表 1-3 算术运算符

算术运算符	功　能	表　达　式	结　果
++	增 1	++ a	a = 10
──	减 1	── a	a = 8
–	求反	– a	– 9
*	求两数积	a * b	27
/	求两数商	a/b	3
%	求两数模	a% b	0
+	求两数和	a + b	12
–	求两数差	a – b	6

++ 是增 1 运算符，它有两种使用格式：

变量 ++ ； ++ 变量；

其中，变量 ++ 为先使用变量，再使变量值增加 1。++ 变量为先使变量值增加 1 后，再使用变量。── 是减 1 运算符，使用格式与 ++ 运算符相似。算术运算符的优先级由高到低为：

- 后置 ++ ，后置 ── ；
- 前置 ++ ，前置 ── ，– （取负）；
- * ，/ ，% ；
- + ，– 。

1.5.2 关系运算符

关系运算符有：< 、 < = 、 > 、 > = 、 = = 、! = 。

关系运算用于比较两个表达式从而产生一个布尔型的值。关系运算符的使用格式为：

表达式 1 关系运算符 表达式 2

表 1-4 是 C++ 的关系运算符的简表。

表 1-4 关系运算符

关系运算符	功　能	表　达　式	结　　果
<	小　于	5 < = 3 + 4	true
< =	小于等于	5 < = 3 + 4	true
>	大　于	5 > 3 + 4	false
> =	大于等于	5 > = 3 + 4	false
==	等　于	5 = = 3 + 4	false
! =	不等于	5 ! = 3 + 4	true

关系运算符的优先级由高到低为：<、<=、>、>=、==、!=。

1.5.3 逻辑运算符

逻辑运算符有：!、&&、‖。逻辑运算是对两个值为布尔型的表达式进行的运算，其运算结果为布尔型，值为 true 或 false。

逻辑运算符的使用格式为：

表达式1 逻辑运算符 表达式2

表 1-5 是 C++ 的逻辑运算符的简表。

表 1-5 逻辑运算符

逻辑运算符	功　能	表　达　式	结　果
!	逻辑非	!（3 > 5）	true
&&	逻辑与	（3 < 5）&&（3 < 0）	false
‖	逻辑或	（3 < 5）‖（3 > 5）	true

表 1-6 是逻辑运算真值表。

表 1-6 逻辑运算真值表

a	b	a&&b	a ‖ b	!a
1	1	1	1	0
1	0	0	1	0
0	1	0	1	1
0	0	0	0	1

逻辑运算符的优先级由高到低为：!、&&、‖。

1.5.4 位运算符

位运算是对位进行的操作。位运算符有：～（取反）、<<（左移）、>>（右移）、&（位与）、^（位异或）、|（位或）。除了～运算符为一元运算符外，其他都为二元运算符。<<（或 >>）运算符使用格式为：

表达式 << 左移的位数

或 **表达式 >> 右移的位数**

表 1-7 是位运算符的简表。

表 1-7 位运算符

位 运 算 符	功 能	表 达 式	结 果
～	逐位非	～12	－13
<<	左移	12 << 3	96
>>	右移	12 >> 1	6
&	逐位与	5&3	1
^	逐位异或	1^2	3
|	逐位或	5 | 3	7

表 1-8 是位运算真值表。

表 1-8 位运算真值表

a	b	~a	a^b	a&b	a | b
1	1	0	0	1	1
1	0	0	1	0	1
0	1	1	1	0	1
0	0	1	0	0	0

位运算符的优先级由高到低为：～、<< >>、&、^、\|。

1.5.5 条件运算符

条件运算符是一个三元运算符。条件运算符的使用格式为：

表达式 1？表达式 2：表达式 3

先求表达式 1 的值，如果表达式 1 的值为真，则求表达式 2 的值，表达式 2 的值为最终结果；如果表达式 1 的值为假，则求表达式 3 的值，表达式 3 的值为最终结果。例如，表达式 a<5？6：7，如果 a 的值小于 5，则表达式的值为 6，否则为 7。

1.5.6 逗号运算符

逗号运算符用于分隔表达式，其计算顺序从左到右依次进行，最后一个表达式的值为整个逗号表达式的值。逗号运算符使用格式为：

表达式 1,表达式 2,...,表达式 n

例如：3*5,6*5 //最终结果为 30

1.5.7 sizeof 运算符

sizeof 运算符用于计算某种数据类型在内存中所占的字节数。该运算符的使用格式为：

sizeof(类型名) 或 sizeof(表达式)

运算结果为类型名所指类型或表达式的结果类型所占的字节数。例如：sizeof（int）运算结果为整型在内存中所占的字节数。

1.5.8 赋值运算符

赋值运算用于将一个表达式的值赋给某个变量。

赋值运算符有：=、+=、−=、*=、/=、%=、>>=、<<=、&=、^=、|=。赋值运算符的使用格式为：

变量 赋值运算符 表达式

赋值运算符均为二元运算符，它们的优先级相同。

表 1-9 是赋值运算符的简表（表中设 x = 2，y = 12）。

表 1-9   赋值运算符

赋值运算符	表 达 式	等 价 形 式	表 达 式	结 果
=	a = b	a = b	x = 2	x = 2
+=	a += b	a = a + b	x += 3	x = 5
−=	a − = b	a = a − b	y − = 3	y = 9
*=	a * = b	a = a * b	x * = y	x = 24
/=	a / = b	a = a / b	y / 3	y = 4
%=	a% = b	a = a%b	y% = x	y = 0
>> =	a >> = b	a = a >> b	x >> = 1	x = 1
<< =	a << = b	a = a << b	x << = 1	x = 4
& =	a& = b	a = a&b	x& = 7	x = 2
^ =	a^ = b	a = a^b	x^ = 7	x = 5
	=		a = b	a = a	b	x	= 7	x = 7

1.5.9 强制类型转换符

C++ 允许用户把一个类型的数据转化为另一个类型的数据。

强制类型转换格式为：

(类型)表达式 或 类型(表达式)

例如：

(int)5/3   //把 5/3 的结果强制转换为整数

一般来说，在两个不同类型的变量进行运算时，系统自动把两个不同类型的变量转换为同一类型的量，此种转化是隐式转化。

1.5.10　运算符优先级

表 1-10 是 C++ 常用运算符的功能、优先级和结合性。

表 1-10　C++ 常用运算符的功能、优先级和结合性

优 先 级	运 算 符	功能说明	结 合 性
1	( ) :: [ ] . , - > . * , - > *	改变优先级 作用域运算符 数组下标 成员选择 成员指针选择	从左至右
2	++ , -- & * ! ~ + , - ( ) sizeof new, delete	增1、减1运算符 取地址 取内容 逻辑求反 按位求反 取正数，取负数 强制类型 取所占内存字节数 动态存储分配	从右至左
3	* , / ,%	乘法，除法，取余	从左至右
4	+ , -	加法，减法	
5	<< , >>	左移位，右移位	
6	< , < = , > , > =	小于，小于等于 大于，大于等于	
7	== , ! =	相等，不等于	
8	&	按位与	
9	^	按位异或	
10	|	按位或	
11	&&	逻辑与	
12	||	逻辑或	
13	?:	三目运算符	
14	= , += , - = , * = , / = ,% = , & = , ^ =, | = , <<= , >>=	赋值运算符	从右至左
15	,	逗号运算符	从左至右

1.6　输　入　与　输　出

C++ 有一个标准的 I/O 流库，数据的输入与输出是通过标准的 I/O 流库实现的。cin 和 cout 是预定义的流类对象，cin 和 cout 分别处理标准输入和输出。输入格式为：

cin >> 变量名 1 >> 变量名 2 ...

如果同时输入多个变量的值，各值间用空格键或 Tab 键隔开。例如：

int a,b,c; cin >> a >> b >> c;

若输入：1　2　3　回车，则从键盘取得 a、b、c 的值分别为 1、2、3。
输出格式为：

cout << 表达式 1 << 表达式 2 ...

或　**cout << 表达式 1 << 表达式 2 << ... << endl**

系统自动计算表达式的值并依次输出在屏幕上，endl 代表换行。
例如：

cout << "x + y = " << x + y << endl; //将字符串 x + y = 和 x + y 的值依次输出在屏幕上并换行

1.7　简单的 C++ 程序举例

C++ 程序可看成是函数的集合，函数是 C++ 程序的基本单位。函数的格式为：

函数返回值类型　函数名 (形式参数表) { 语句序列 }

一个函数可调用另一函数，也可调用自身，语句由分号 “;” 作为结束符。在使用函数和语句中的变量前需要先声明。一个程序有且仅有一个主函数，它是程序执行的开始点。

[**例 1.1**]　编写一个求圆面积的程序，运行时提示用户输入一个半径，再把圆面积显示出来。

```
#include < iostream.h >        //声明包含头文件 iostream.h
void main( )                   //程序由此开始执行,返回值为空,参数列表为空
{
    const float PI =3.14f;  //声明符号常量
    float r;      //声明变量 r
    cout << "Input r of circle: " << endl;     //向屏幕输出
    cin >> r;     //从键盘输入一个浮点数给 r
    cout << "The area of this circle is " << PI * r * r << endl;     //输出圆面积
}
```

运行结果

```
Input  r of circle:3
The area of this circle is 28.26
```

[例 1.2]　编写一个程序，运行时提示用户输入一个整数，进行自增和自减运算后，再把结果显示出来。

```cpp
#include <iostream.h>      //声明包含头文件 iostream.h
void main()  //程序由此开始执行,返回值为空,参数列表为空
{
    int j;      //声明变量
    cout << "输入一个整数:";  //向屏幕输出
    cin >>j;  //从键盘输入一个整数给 j
    cout << "j++ 的值为: " <<j++ << endl;  //显示 j++ 的值
    cout << "++j 的值为: " <<++j << endl;  //显示 ++j 的值
    cout << "j-- 的值为: " <<j-- << endl;  //显示 j-- 的值
    cout << " --j 的值为: " << --j << endl;  //显示 --j 的值
}
```

运行结果

```
输入一个整数:3
j++ 的值为:3
 ++j 的值为:5
j-- 的值为:5
 --j 的值为:3
```

1.8　运行 C++ 程序

编译、运行和调试 C++ 程序的环境有多种，如 Turbo C++、Borland C++、Visual C++、C++ Builder 等。下面介绍在 Visual C++ 6.0 开发环境下编译、运行和调试 C++ 程序的步骤。

1. 进入 Visual C++ 6.0 开发环境

在"开始"菜单中选择"程序" | Microsoft Visual Studio 6.0 | Microsoft Visual C++ 6.0，进入 Visual C++ 6.0 开发环境，如图 1-1 所示。

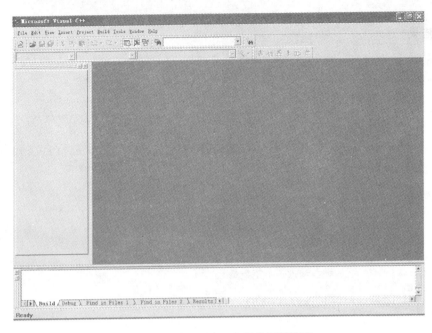

图 1-1　　Visual C++ 6.0 开发环境窗口

2. 创建一个项目

（1）打开 File 菜单，选择 New 子菜单，进入 New 对话框。

（2）在 New 对话框中，单击 Projects 标签，在 Projects 选项卡中，选择 Win 32 Console Application。在 Location 文本框中指定一个路径，在 Project 文本框中输入一个项目名（如 lt1_1），单击 OK 按钮完成操作，如图 1-2 所示。

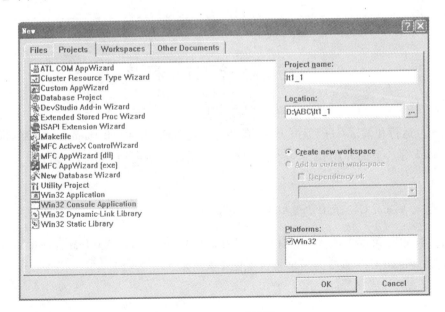

图 1-2　　New 对话框

（3）在弹出的 Win32 Console Application-Step 1 of 1 对话框中选择 An empty project，单击 Finish 按钮完成操作，如图 1-3 所示。在弹出的 New Project Information 对话框中单击 OK 按钮，完成一个项目的建立。

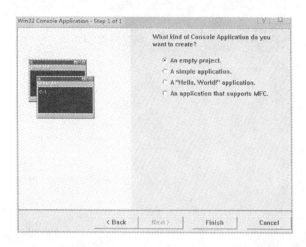

图 1-3　Win32 Console Application-Step 1 of 1 对话框

3. 建立源程序文件

在菜单栏中选择 Project | Add to Project | New，弹出 New 对话框。在 New 对话框的 Files 选项卡中，选择 C++ Source File，并输入文件名（如 lt1_1）。单击 OK 按钮完成新建源程序文件操作，如图 1-4 所示。

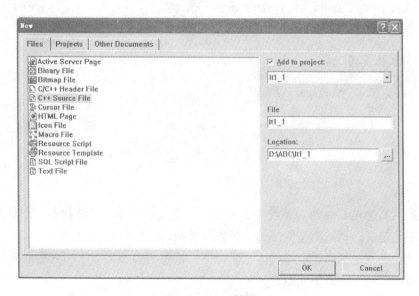

图 1-4　New 对话框

4. 编辑源程序文件

在文件编辑窗口中输入代码，选择 File ｜ Save，保存此文件，如图 1-5 所示。

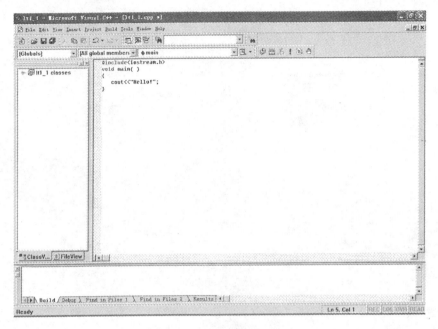

图 1-5　文件编辑窗口

5. 编译并运行程序

（1）选择 Build｜ Build lt1_1. exe，建立可执行程序。

（2）选择 Build｜ Execute lt1_1. exe 运行程序。

6. 关闭工作空间

选择 File｜ Close Workspace 关闭工作空间。

1.9　构造数据类型

基本数据类型是 C++ 语言系统内部预先定义的数据类型，构造数据类型是用已有的基本数据和已定义的构造类型组成的一种数据类型。

构造数据类型包括数组、结构体、联合体、枚举、类类型。下面介绍联合体与枚举类型，其他类型在后面章节介绍。

1.9.1　联合体

在程序设计中，有时需要使 n 个不同类型的变量共用同一组内存单元，这种使 n 种不同的数据类型的变量共占同一段内存的结构称为联合体。联合体类型变量的声明形式为：

```
union 联合体名
{
    成员列表；
};
```

联合体类型变量说明的形式为：

联合体名　联合体变量名；

访问联合体成员的形式为：

联合体变量名.成员名

例如：

```
union   data   //声明联合体
{
    int   x;
    char y;
};
data u; //u 是联合体 data 变量
```

联合体变量所占的内存长度等于最长的成员的长度。

[例 1.3]　　指出下列程序的运行结果。

```cpp
#include < iostream.h >
void main( )
{
    union test   //定义联合体 test
    {
        char i;
        int j;
        double k;
    };
    test   u;      //声明一个 test 型联合体变量
    u.i = 'a';
    cout << "u.i = " << u.i << endl;
    u.j = 3;
    cout << "u.j = " << u.j << endl;
    u.k = 1.414;
    cout << "u.k = " << u.k << endl;
}
```

运行结果

```
u.i = a
u.j = 3
u.k = 1.414
```

1.9.2　枚举

将变量的值一一列举出来的结构称为枚举。枚举类型变量的声明形式为：

enum 枚举类型名{变量值列表};

例如：enum color {Red,Green,Blue,Yellow};
　　　enum color mycolor;　　　//枚举变量 mycolor

C++ 编译器按枚举成员的排列顺序从 0 开始依次递增地给每个成员分配一个整型量，枚举元素具有默认值：0，1，2，…。

例如：enum week{sum,mon,tue =7,wed,thu, fri =5,sat };

则成员的值依次为 0，1，7，8，9，5，6。对枚举元素按常量处理，不能对它们赋值。整数值不能直接赋给枚举变量，如需要将整数赋值给枚举变量，应进行强制类型转换。

例如：enum week d1,d2;　　　//定义枚举变量 d1,d2
　　　d1 = (enum week)5;　　//等价于 d1 = fri;
　　　d2 = Sat;　　//输出一个枚举变量的值是 int 型数值
　　　cout << d1 << "," << d2 << endl;

运行结果

5,6

习　题　一

一、选择题

1. 按照标识符的要求，下列不能组成标识符的是（　　　）。

　　A. 下划线　　　　　B. 连接符　　　　　C. 字母　　　　　D. 数字字符

2. 下列叙述错误的是（　　　）。

　　A. C++ 有一种类型的注释符

　　B. C++ 中标识的大小写字母有区别

　　C. C++ 是一种以编译方式实现的高级语言

　　D. C++ 支持面向对象程序设计

3. C++ 语言基本数据类型是（　　　）。

　　A. 整型、浮点型、逻辑型、无值型和布尔型

　　B. 整型、字符型、浮点型、无值型和布尔型

　　C. 整型、字符型、浮点型、逻辑型和布尔型

　　D. 整型、浮点型、逻辑型、无值型和布尔型

二、解答题

1. 下列标识符哪些是合法的?

   ABC,　　_abc,　　3abc,　　@ mail,　　– page

2. 执行完下列语句后, a, b, c 三个变量的值为多少?

   a = 10;

   b = a++;

   c = ++a;

3. 写出下列表达式的值。

   (1) 5 < 6 && 7 < 8

   (2) !(3 < 5)

   (3) !(3 > 5) ‖ (6 < 2)

4. a = 1, b = 2, c = 3, 下列各式的结果是什么?

   (1) a | b – c　　　　　　　　　(2) a^b& – c

   (3) a | b&c　　　　　　　　　　(4) a&b | c

5. 若 x = 12, 下列表达式的结果是什么?

   (1) ~ x

   (2) x^x,　　x >> 1

三、分析下列程序的运行结果

1. 写出程序的运行结果。

```
#include < iostream.h >
void main( )
{
    int x = 3 ,y = 2;
    cout << !(y == x / 2) << ",";
    cout << (y! = x% 3) << ",";
    cout << (x > 0&&y < 0) << ",";
    cout << (x! = y ‖ x > = y) << endl;
}
```

2. 写出程序的运行结果。

```
#include < iostream.h >
void main( )
{
    int x = 2 ,y = 3;
    x = x – y;
    y = x + y;
    x = y – x;
    cout << "x = " << x << ",y = " << y << endl;
}
```

3. 写出程序的运行结果。

```
#include < iostream.h >
void main( )
{
```

```
    int x,y,z;
    x = y = z = 5;
    y = x++ -1;
    y =++x -1;
    y = z -- +1;
    cout << x << "," << y << endl;
}
```

复 习 题 一

一、填空题

1. C++ 语言的基本数据类型可分为_____、_____、_____、_____和_____。

2. C++ 语言标识符中的第一个字符必须是_____。

3. 当用户定义标识符时，不能采用系统的_____。

4. 逗号表达式的值是组成逗号表达式的若干个表达式中的_____的值。

5. 条件表达式_____的功能是求 a 的绝对值。

6. 若定义 double a，char b；则 sizeof（a）的运算结果为_____，sizeof（b）的运算结果为_____。

7. 若 a、b 为整形变量，则表达式 a = 1，b = 6， ++a，b++，a + b++ 的值是_____。

二、选择题

1. 在 C++ 中，要求操作数必须是整型的运算符是（　　）。

　A.　‖　　　　　　B. %　　　　　　C. /　　　　　　D. > =

2. 已知数字字符 '0' 的 ASCII 值为 48，若有以下程序，则程序运行后的输出结果是（　　）。

```
#include < iostream.h >
void main( )
{
    char a ='5',b ='6';
    cout << (int)a++ << ",";
    cout << b - a << endl;
}
```

　A. 54，1　　　　　B. 54，0　　　　　C. 53，0　　　　　D. 52，1

三、编程题

1. 编写一个华氏温度转换为摄氏温度的程序，运行时提示用户输入华氏温度，再把摄氏温度显示出来。华氏温度（F）转换为摄氏温度（C）的计算公式如下：

$$C = \frac{5}{9}(F - 32)$$

2. 编写一个程序将输入的一个五位正整数反向输出。例如，输入 12345，输出 54321。

第 2 章　控 制 语 句

2.1　选 择 语 句

2.1.1　if...else 语句

1. if...else 语句的表达形式

（1）形式一

if(表达式) 语句

if...else 语句执行顺序是：先计算表达式的值，若表达式的值为真，则执行语句；若表达式的值为假，则不执行语句，转而执行 if 语句后的语句。语句既可以是一条语句，也可以是大括号括起来的复合语句。例如：

```
if(a > b)cout << a;      //是正确的 if 语句
if(a > b) { cout << a;cout << b;}      //是正确的 if 语句
```

[例 2.1]　编写一个应用 if 语句的简单程序。

```
#include < iostream.h >      //声明包含头文件
void main( )
{
    int x;
    cout << "请输入一个整数：";
    cin >> x;
    if(x > 0)
    cout << "此数为正整数";
}
```

运行结果

请输入一个整数：3
此数为正整数

（2）形式二

if(表达式) 语句 1　else 语句 2

　　if...else 语句执行顺序是：先计算表达式的值，若表达式的值为真，则执行语句 1；若表达式的值为假，则执行语句 2。语句 1 和语句 2 既可以是一条语句，也可以是大括号括起来的复合语句。例如：

```
if(a > b) cout << a; else cout << b; //是正确的 if...else 语句
```

[例 2.2]　编写一个判断闰年的程序。

```
#include < iostream.h >
void main( )
{
    int year;
    cout << "请输入一个年份: ";
    cin >> year;
    if(((year%4 == 0&&year%100 != 0) ||(year%400 == 0)))
        cout << year << "年是闰年." << endl;
    else
        cout << year << "年不是闰年." << endl;
}
```

运行结果

请输入一个年份: 2008
2008 年是闰年

2. if...else 语句的嵌套

（1）形式一

```
if(表达式 1)
    if(表达式 2) 语句 1
    else 语句 2
else 语句 3
```

　　形式一表示当表达式 1 的值为真时，程序将求表达式 2 的值；当表达式 2 的值为真时，执行语句 1；当表达式 2 的值为假时，执行语句 2；当表达式 1 的值为假时，程序将执行语句 3。

　　（2）形式二

```
if(表达式 1) 语句 1
else if(表达式 2) 语句 2
else if(表达式 3) 语句 3
else 语句 4
```

　　if...else if 形式用于多重判断。形式二表示当表达式 1 的值为真时，执行语句 1；当表达式 1 的值为假时，程序将求表达式 2 的值，当表达式 2 的值为真时，执行语句 2；当表达式 2 的值为假时，程序将求表达式 3 的值，当表达式 3 的值为真时，执行语句 3；当表达式 3 的值为假时，执行语句 4。

　　[例 2.3]　编写一个比较两整数大小的程序。运行时提示用户输入两整数，再显示

出大小关系。

```
#include < iostream.h >
void main( )
{
    int a,b;
    cout << "请输入两个整数 a 、b: ";
    cin >> a >> b;
    if(a > b) cout << "a > b" << endl;
    else if(a < b) cout << "a < b" << endl;
    else cout << "a = b" << endl;
}
```

运行结果

请输两个整数 a、b: 30　50
a < b

2.1.2　switch 语句

switch 语句是多分支选择语句。switch 语句的语法形式如下:

```
switch(表达式)
{
    case 常量表达式 1: 语句 1 break;
    case 常量表达式 2: 语句 2 break;
    ...
    case 常量表达式 n: 语句 n break;
    default: 语句 n + 1
}
```

注意: switch 语句括号内的表达式的值和 case 分支中的常量表达式的值类型应相同。

switch 语句的执行顺序是: 先计算 switch 语句括号内的表达式的值, 再用此值与各 case 语句中的常量表达式比较。当遇到与 switch 表达式值相等的常量表达式所对应的 case 语句时, 执行该 case 语句后的语句; 当执行到 break 语句时将跳出 switch 语句转而执行 switch 语句后的语句; 如果无 break 语句, 将继续执行以后每一个 case 后的语句。如果没有找到相等的常量表达式, 则从 "default:" 开始执行。当多个 case 语句后的语句相同时, 可以将多个 case 分支共用一组语句。

注意: case 分支可以有多条不必用花括号括起来的语句。

[例 2.4]　编写一个判断英文字母大小写的程序。运行时提示用户输入一个字母, 显示出是大写或是小写。

```
#include < iostream.h >
void main( )
{
    char c;
    cout << "请输入一个英文字母:";
    cin >> c;
```

```
switch(c)
{
  case'a':
  case'b':
  case'c':
    ...
  case'z': cout << "你输入的是小写字母。";
  break;
  case'A':
  case'B':
  case'C':
    ...
  case'Z': cout << "你输入的是大写字母。";
  break;
  default: cout << "你输入的不是英文字母!";
}
}
```

运行结果

请输入一个英文字母：A
你输入的是大写字母。

2.2 循 环 语 句

C++ 包含三种循环控制：while、do-while 和 for。

2.2.1 while 语句

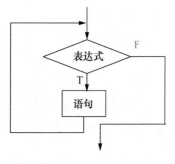

图 2-1　while 循环结构

while 语句的语法形式：

while(表达式) 语句

while 语句的执行顺序是：首先，计算 while 语句的表达式的值，当表达式的值为真时，执行 while 语句中的子语句；其次，计算表达式的值，如果值为真，则继续执行语句，如此反复，直到表达式的值为假时退出循环。while 语句的执行顺序如图 2-1 所示。

[例 2.5] 求 n!。

```
#include <iostream.h>
void main()
{
    int i;
    long n =1;
    cout << "请输入一个数:";
```

```
    cin >> i;
    if(i ==0)
      cout << "n! = " << n << endl;
     else
    {
      while(i >0)
      {
          n = n * i;
          i -- ;
      }
      cout << "n! = " << n << endl;
    }
  }
```

运行结果

```
请输入一个数: 6
n! =720
```

[**例 2.6**] 用 while 语句编写一程序，输出 1～50 间的质数。

```
#include < iostream.h >
void main( )
 {
   int i,j,t,flag;
   i =2;
   while(i < =50)
   {
     flag =1;
     t =i/2;
     j =2;
     while(j < =t)
     {
       if(i%j ==0)
       {
          flag =0;
          break;
       }
       j++;
     }
     if (flag)
     cout << i << "   ";
     i++;
   }
 }
```

运行结果

```
2  3  5  7  11  13  17  19  23  29  31  37  41  43  47
```

　　break 语句的另一个功能，就是将程序流由某个循环内部转移出来。在一个循环的循环体执行过程中若遇到一个 break 语句，则循环将立即终止，程序流转到后面的语句循环。

　　在一个循环的循环体执行过程中若遇到一个 continue 语句，则结束本次循环，继续执行下一次循环。

2.2.2　do-while 语句

do-while 语句的语法形式：

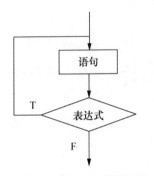

图 2-2　do-while 循环结构

```
do   语句
while (表达式);
```

　　do-while 语句与 while 语句类似。while 语句先判断条件表达式，如果为真，则进入循环；而 do-while 语句是先进入循环，然后再判断条件表达式的值。如果表达式为真，则继续执行循环体；如果表达式为假，则结束循环，do-while 语句执行顺序如图 2-2 所示。

　　do-while 语句中的子语句保证能被至少执行一次，这是它与 while 语句的主要区别。

[例 2.7]　输入一个非负数，将各位数字反转后输出。

```cpp
#include < iostream.h >
void main( )
{
    int n,x;
    cout << "请输入一个整数：";
    cin >>n;
    cout << "此数反转后为：";
    do
    {
        x = n%10;
        cout << x;
        n /=10;
    }while(n! =0);
    cout << endl;
}
```

运行结果

```
请输入一个整数：9878
此数反转后为：8789
```

[例 2.8]　用 do-while 语句编写一程序，输出 1～50 间的质数。

```cpp
#include < iostream.h >
```

```
void main( )
{
    int i,j,t,flag;
    i = 2;
    cout << i << "   ";
    do
    {
        flag =1;
        t = i / 2;
        j = 2;
        do
        {
            if(i%j ==0)
            {
                flag =0;
                break;
            }
            j++;
        }while(j < =t);
        if(flag)
        cout << i << "   ";
        i++;
    }while(i < =50);
}
```

运行结果

请输入一个整数：9878
此数反转后为：8789

2.2.3　for 语句

for 语句的语法形式：

for (表达式 1;表达式 2;表达式 3)
　　语句

for 语句的执行顺序是，先计算表达式 1 的值，再计算表达式 2 的值，如果表达式 2 的值为真，则执行一次循环体，如果表达式 2 的值为假，则退出循环。每执行一次循环体后，计算表达式 3 的值，然后再计算表达 2 值，根据表达式 2 的值决定是否进入下次循环，如此反复直到表达式 2 的值为假时退出循环。for 语句的执行顺序如图2-3所示。

for 语句的三个表达式的任何一个都可以缺省，但分号不能缺省。可以只在 for 语句后的括号中写入两个分号，而没有一个表达式，但这个循环语句将会是一个"无限循环"，必须在循环

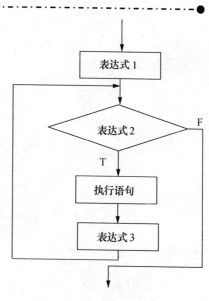

图 2-3　for 循环结构

语句中有跳出 for 循环的转移语句才能跳出这个循环。

下面的 for 语句都是合法的：

```
for(;i < =100;i++ )
    语句
for(; i >100;)
    语句
for(;;)
    语句
```

如果用 while 语句来替代 for 语句，可以写成：

```
表达式 1;    //循环初始化
while(表达式 2)
{
    语句
    表达式 3;
}
```

[例 2.9]　编写一个程序，显示从 0 到 9 的乘法表。

```cpp
#include < iostream.h >
#include < iomanip.h >   //使用流控制符 setw( )
void main( )
{
    inti,j;
    for(i =1;i <10;i + +)
    {
        for(j =1;j <10;j + +)
        cout << setw(5) << i * j;    //setw( )功能为设置域宽
        cout << endl;
    }
}
```

运行结果

```
1    2    3    4    5    6    7    8    9
2    4    6    8    10   12   14   16   18
3    6    9    12   15   18   21   24   27
4    8    12   16   20   24   28   32   36
5    10   15   20   25   30   35   40   45
6    12   18   24   30   36   42   48   54
7    14   21   28   35   42   49   56   63
8    16   24   32   40   48   56   64   72
9    18   27   36   45   54   63   72   81
```

[例 2.10]　编写一个程序，求从 1 到 n 的和。

```cpp
#include < iostream.h >
void main( )
{
    int n,i,s =0;
```

```
cout << "请输入 n 的值: ";
cin >>>> n;
for(i = 0;i < = n;i++)
{
    s + = i;
}
cout << "从 1 到 n 的和为: " << s << endl;
}
```

运行结果

```
请输入 n 的值: 10
从 1 到 n 的和为: 55
```

[**例 2.11**]　编写一个程序，输出一个菱形图案。

```
#include < iostream.h >
void  main( )
{
    int  i,j,n = 4;
    for(i = 1;i < = n;i++)//输出前 4 行
    {
        for(j = 1;j < = 20;j++)
            cout << " "; //图案左侧空 20 列
        for(j = 1;j < = 8 - 2 * i;j++)
            cout << " ";
        for(j = 1;j < = 2 * i - 1;j++)
            cout << " * ";
        cout << endl;
    }
    for(i = 1;i < = n - 1;i++) //输出后 3 行
    {
        for(j = 1;j < = 20;j++)
        cout << " "; //图案左侧空 20 列
        for(j = 1;j < = 7 - 2 * i; j++)
            cout << " * ";
        cout << endl;
    }
}
```

运行结果

```
       *
      ***
     *****
    *******
     *****
      ****
       *
```

2.3 预 处 理

编译器将源程序编译为可以在操作系统下直接运行的机器指令集，通常称这种文件为可执行文件。编译预处理就是在程序编译前对程序进行一些处理。所有的编译预处理指令都以"#"符号开始。

2.3.1 宏定义

宏定义的形式为：

#define 宏名 字符串

其中，define 为关键字，宏名是一个标识符，字符串是一个字符序列。

例如：

```
#define  PI  3.14
#define  SIZE  50
```

宏定义命令被执行时，凡是在程序中出现此宏名的位置，编译程序都自动地把它替换成被定义的字符串。

例如：

```
#define PI  3.14      //宏定义
float  area(float  r)
{
    return(PI * r * r);
}
```

2.3.2 文件包含指令

文件包含就是把其他的文件包含到本程序中。文件包含指令有两种形式：

#include <文件名>

或   #include"文件名"

第一种形式是用来包含系统所提供的并存放在指定子目录下的头文件；第二种是用来包含用户自己定义的头文件或其他源文件。

例如：

```
#include <iostream.h >   //iostream.h 文件提供输入/输出功能
#include <math.h >       //math.h 文件提供一些数学计算的函数
#include"point.h"        //包含 point.h 文件
```

2.4 程 序 举 例

[**例**2.12] 编写程序，设计一个简单的计算器。实现两数间的加、减、乘、除运算，并输出结果。

```
#include <iostream.h>
#include <process.h>   //使用 system.exe 文件,把头文件 process.h 加进来
#include <conio.h>   //使用 getch( )函数
void main( )
{
    char choice;
    float a,b;
    int result;
    float div;
    while(1)
    {
        system("cls");      //清除屏幕上原有的内容
        cout << "1:a + b" << endl;
        cout << "2:a - b" << endl;
        cout << "3:a * b" << endl;
        cout << "4:a /b" << endl;
        cout << "0:退出" << endl;
        cout << "请选择(0 - 4): ";
        cin >> choice;
        switch(choice)
        {
         case '0':
            exit(0);      //终止程序的运行
         case '1':
            cout << "请输入两个数 a,b: " << endl;
            cin >> a >> b;
            result = a + b;
            cout << "a + b = " << result << endl;
            break;
         case '2':
            cout << "请输入两个数 a,b: " << endl;
            cin >> a >> b;
            result = a - b;
            cout << "a - b = " << result << endl;
            break;
         case '3':
            cout << "请输入两个数 a,b: " << endl;
            cin >> a >> b;
            result = a * b;
            cout << "a * b = " << result << endl;
            break;
         case '4':
            cout << "请输入两个数 a,b: " << endl;
            cin >> a >> b;
```

```
            div = a/b;
            cout << "a/b = " << div << endl;
            break;
        default:
            cout << "选择有错!" << endl;
    }
            cout << "按任意键继续" << endl;
            getch( );
    }
}
```

运行结果

```
1 : a + b
2 : a-b
3 : a * b
4 : a/b
0 : 退出
请选择(0 - 4) : 1
请输入两个数 a,b:
1 2
a + b = 3
```

程序解析

getch（ ）函数的功能是从键盘输入一个字符，但不在屏幕上显示；getche（ ）函数的功能是从键盘输入一个字符，并在屏幕上显示。

[例 2.13]　编写一个程序，输入 2000 年至 2100 年内任意一天的年、月、日，并输出这一天是星期几。

```cpp
#include < iostream.h >
void main( )
{
    int year,month,day,weekday;
    int February;
    int totalday,dayinmonth;
    do
    {
        cout << "please  input  currrent  date: " << endl;
        cout << "year(2000-2100): ";
        cin >> year;
        cout << "month(1-12): ";
        cin >> month;
        cout << "day(1-31): ";
        cin >> day;
        if(year < 2000 || year  > 2100 || month < 1 || month > 12)
        {
            cout << "Error  in input, Please  retry! " << endl;
```

```
      continue;
  }
  if((year%4 ==0&&year%100! =0) ||(year%400 ==0))
    February =29;
  else February =28;
  switch(month)
  {
    case 1:
        dayinmonth =31;
        totalday =0;
        break;
    case 2:
        dayinmonth =February;
        totalday =31;
        break;
    case 3:
        dayinmonth =31;
        totalday =February +31;
        break;
    case 4:
        dayinmonth =30;
        totalday =February +62;
        break;
    case 5:
        dayinmonth =31;
        totalday =February +92;
        break;
    case 6:
        dayinmonth =30;
        totalday =February +123;
      break;
    case 7:
        dayinmonth =31;
        totalday =February +153;
        break;
    case 8:
        dayinmonth =31;
        totalday =February +184;
        break;
    case 9:
        dayinmonth =30;
        totalday =February +215;
        break;
    case 10:
        dayinmonth =31;
        totalday =February +245;
        break;
    case 11:
        dayinmonth =30;
        totalday =February +276;
        break;
    case 12:
        dayinmonth =31;
        totalday =February +306;
```

```
                break;
        }
        if((day < =dayinmonth)&&(day > =1))
          totalday + = (year -2000) + (year -1997)/4 +day;
        else
        {
            cout << "error  input,  please  retry! ";
            continue;
        }
        break;
    }while(1);
    weekday = totalday;
    weekday% =7;
    switch (weekday)
    {
     case 0:
          cout << endl << " Friday " << endl;
          break;
     case 1:
          cout << endl << " Saturday " << endl;
          break;
     case 2:
          cout << endl << " Sunday " << endl;
          break;
     case 3:
          cout << endl << " Monday " << endl;
          break;
     case 4:
          cout << endl << " Tuesday " << endl;
          break;
     case 5:
          cout << endl << " Wednesday " << endl;
          break;
     case 6:
          cout << endl << " Thusday" << endl;
          break;
     }
 }
```

运行结果

```
please input current date:
year(2000-2100):2013
month(1-12):10
day(1-31):6
Sundy
```

程序解析

闰年的年份可以被 4 整除而不能被 100 整除，或者能被 400 整除。闰年的 2 月份是 29 天，不是闰年的 2 月份是 28 天。此题简单的方法是计算总天数，然后求它除以 7 得到余数。还有一个方法是计算一年中的年头与年尾相差的星期日期，平年相差一天，而闰年相差两天。其中，

相差总天数 =（计算年 – 起始年）+（计算年 – 1997）／4 + 计算年中的偏移

另外，1999 年 12 月 31 日为星期五。

习 题 二

一、选择题

1. 下述关于 break 语句的描述中，不正确的是（　　）。

A．break 语句可用于循环体内，它将退出该重循环

B．break 语句可用于 switch 语句中，它将退出 switch 语句

C．break 语句可用于 if 体内，它将退出 if 语句

D．switch 语句中的 case 子句的常量表达式可以不是整型

2. 下列关于 switch 语句的描述中，正确的是（　　）。

A．switch 语句中 default 子句可以没有，也可以有一个

B．switch 语句中每个语句序列中必须有 break 语句

C．switch 语句中 default 子句只能放在最后

D．switch 语句中 case 子句后面的表达式可以是整型表达式

3. 下列关于条件语句的描述中，错误的是（　　）。

A．if 语句中只有一个 else 子句

B．if 语句中可以有多个 else if 子句

C．if 语句中 if 体内可以是 switch 语句

D．if 语句中 if 体中不能是循环语句

4. 下列 for 循环的次数是（　　）。

```
for(int i =0;i < =4;i++)
```

A．3　　　　　B．4　　　　　C．5　　　　D．6

5. 下列 for 语句的循环次数是（　　）。

```
for( ; ; )
```

A．0　　　　　B．1　　　　　C．2　　　　D．无限

6. 下列 while 语句的循环次数是（　　）。

```
while(int i =0) i++;
```

A．0　　　　　B．1　　　　　C．2　　　　D．无限

7. 下列 do-while 语句的循环次数为（　　）。

```
int i =3;
do
```

```
{
    cout << i -- << endl;
    i -- ;
}while(i! =0);
```

A. 0 　　　　　B. 1 　　　　　C. 2 　　　　　D. 无限

二、编程题

1. 编写一个程序，要求提示输入一元二次方程的系数，如果方程没有实根，则输出"无实根"；如果有两个不同的实根，则输出两实根"X1 ="，"X2 ="；如果两根相等，则输出等根"X1，X2 =..."。（提示：程序包含头文件 math. h，用 sqrt（ ） 函数计算平方根。）

2. 设个人所得税税率如表 2-1 所示。

表 2-1 　个人所得税税率表

收入/元	税率/（%）	收入/元	税率/（%）
0～500	0	2000～5000	20
500～1000	5	5000～10000	30
1000～2000	10	10000 以上	50

编写一个程序，输入个人收入，输出应缴税款。

3. 编写一个查找每天课程的程序，输入星期，输出课程。

课程安排：星期一、三　英语

　　　　　星期二、四　程序设计

　　　　　星期五　电子技术

　　　　　星期六、日　休息

4. 编写一个程序，求 $1 + 2 + 3 + \cdots + 100$ 的值（分别用 while，do-while，for 语句实现）。

5. 用 for 循环语句编写一个程序，输出 1～50 间的质数。

三、分析下列程序的运行结果

1. 写出程序的运行结果。

```
#include < iostream.h >
void main( )
{
    int i,j;
    for(i =5;i > =1;i -- )
    {
        cout << "#";
        for(j =1;j < =5 -i;j++ )
        cout << "#";
        cout << endl;
    }
}
```

2. 写出程序的运行结果。

```
#include < iostream.h >
#include < iomanip.h >
void main( )
```

```
{
    int i,j,k;
    for(i =1;i < =5;i++)
     {
      for(j =1;j < =20 -2 * i;j++)
        cout << "  ";
      for(k =1;k < =i;k++)
        cout << setw(4) << i;   //setw( )功能为设置域宽
      cout << endl;
     }
}
```

3. 写出程序的运行结果。

```
#include < iostream.h >
#include < iomanip.h >   //使用流控制符 setw( )
void main( )
{
    int i,j,k;
    for(i =1;i < =6;i++)
    {
      for(j =1;j < =20 -3 * i;j++)
        cout << " ";
      for(k =1;k < =i;k++)
        cout << setw(3) << k;
      for(k =i -1;k >0;k --)
        cout << setw(3) << k;
      cout << endl;
    }
}
```

4. 写出程序的运行结果。

```
#include < iostream.h >
#include < iomanip.h >
void main( )
{
    int i,j,k;
    for(i =1;i < =4;i++)
    {
      for(j =1;j < =20 -3 * i;j++)
        cout << "  ";
      for(k =1;k < =2 * i -1;k++)
        cout << setw(3) << " * ";
      cout << endl;
    }
    for(i =3;i >0;i --)
    {
      for(j =1;j < =20 -3 * i;j++)
        cout << "  ";
      for(k =1;k < =2 * i -1;k++)
        cout << setw(3) << " * ";
      cout << endl;
    }
}
```

复 习 题 二

一、填空题

1. do...while 语句的循环体中的语句至少被_____。

2. continue 语句放在_____、_____、_____语句的循环体中，可以结束本次循环，继续下一次循环。

3. break 语句放在_____、_____、_____、_____语句中，可以跳出当前循环体或_____语句。

4. 下列程序的运行结果是_____。

```cpp
#include <iostream.h>
void main()
{
    int x =10,y =20,t =0;
    if(x ==y)t = x;x = y;y = t;
    cout << x << "," << y;
}
```

5. 下列程序的运行结果是_____。

```cpp
#include <iostream.h>
void main()
{
    int a =1,b =2,c =3,d =0;
    if(a ==1)
        if(b! =2)
            if(c! =3) d =1;
            else  d =2;
        else if(c! =3) d =3;
            else  d =4;
    else  d =5;
     cout << d << endl;
}
```

6. 下列程序的运行结果是_____。

```cpp
#include <iostream.h>
void main()
{
    int n =1,i;
    for(i =1;i < =3;i++)
    switch(i)
    {
        default:n++ ;
        case 2:n++ ;break;
        case 5:n + =3;break;
    }
    cout << n;
}
```

7. 下列程序的运行结果是_____。

```cpp
#include <iostream.h>
void main()
{
    int i=3,j=4;
    while(i<5)
    {
        i++;
        j+=i;
        j%=10;
    }
    cout <<i<< ","<<j;
}
```

8. 下列程序的运行结果是_____。

```cpp
#include <iostream.h>
void main()
{
    int   i=-1;
    while(i++)
    cout <<i<< "   ";
}
```

9. 下列程序的运行结果是_____。

```cpp
#include <iostream.h>
void main()
{
    int i,j,n=5;
    for(i=1;i<3;i++)
    {
        for(j=5;j>0;j--)
        {
            if(i+j>7) break;
            n*=i*j;
        }
    }
    cout << "n="<<n;
}
```

二、选择题

1. if...else 语句中，else 与（　　）相匹配。

　　A. 之前最近的 if　　　　　　　　B. 之后最近的 if

　　C. 任意的 if　　　　　　　　　　D. 以上均不对

2. 下面的描述，不正确的是（　　）。

　　A. while（1）表示无限循环　　　B. while（2）表示无限循环

　　C. for（）表示无限循环　　　　　D. for（;;）表示无限循环

3. 若变量已正确定义，在 if（M）cout <<k<<endl; 语句中，以下不可替代 M 的是

　　（　　）。

A. ab + c   B. c = b   C. a == b + c   D. a++

4. 下列程序的运行结果是（   ）。

```
#include < iostream.h >
void  main( )
{
    int a = 1,b = 0;
    if(!a)b++ ;
      else if(a == 0) b + = a;
      else  b + = 3;
     cout << b;
}
```

A. 0   B. 1   C. 2   D. 3

5. 下列程序的运行结果是（   ）。

```
#include < iostream.h >
void main( )
{
    int i,j;
    for(i = 0;i < 3;i++)
        for(j = 1;j < 3;j++);
        cout << " * ";
}
```

A. ***   B. ******
C. *   D. 以上均不对

三、编程题

1. 利用迭代公式求平方根。设 $X = \sqrt{a}$ ，则迭代公式为

$$X_n + 1 = \frac{X_n + \dfrac{a}{X_n}}{2}$$

迭代结束条件的相对误差 $|\dfrac{X_{n+1} - X_n}{X_{n+1}}| < 10^{-10}$ 。

2. 计算 $1! + 2! + 3! + \cdots + 100!$ 。

3. 已知三角形三边，编写一个程序计算三角形的面积。

4. 已知 $\pi \approx 4\ (1 - \dfrac{1}{3} + \dfrac{1}{5} - \dfrac{1}{7} + \cdots + (-1)^{n-1} \dfrac{1}{2n-1})$ ，求 π 的近似值，直到 $\dfrac{1}{2n-1} < 10^{-6}$ 为止。

5. 编写一个程序输出自然数 a 至 $b(a < b, a >= 2,$ 包括 a 不包括 $b)$ 之内的素数，每行输出 5 个数。

6. 如果一个数恰好等于它的因子之和，则这个数称为"完全数"。例如：6 的因子为 1，2，3，并且 6 = 1 + 2 + 3，因此 6 是"完全数"，编程找出 1000 以内的所有完全数，并输出其各因子。（提示：因子个数最多为 9 个）

第 3 章　函　　数

3.1　函数的定义与使用

3.1.1　函数的概述

对于一个较复杂的问题，我们可以分成若干个小问题，然后针对每一个小问题写一个专门的函数来解决它。函数是一个可以向它传递参数并返回值的子程序。任何一个C++程序至少有一个 main（　）函数，此函数为主函数，当程序执行时，自动调用main（　）函数。main（　）函数可以调用其他函数，而这些函数还可以调用其他的函数，但不能调用 main（　）函数。

[例3.1]　求表达式 $x^2 + x + 1$ 的值。

```
#include < iostream.h >
long int Power(int x, int n);　//函数原型说明
void main( )
{
    int x;
    long int s;
    cout << "请输入 x 的值: ";
    cin >> x;
    s = Power(x, 2) + Power(x,1) +1;
    cout << "表达式 s = x₂ + x +1 的值是" << s << endl;
}
long int Power(int x,  int  n)
{
    int i;
    long int m =1;
    for(i =1; i < =n;i++)
    m =m * x;
    return(m);
}
```

运行结果

请输入 x 的值: 6
表达式 s = x^2 + x +1 的值是 43

程序解析

此程序由主函数 main（ ）和函数 Power（ ）组成。如果对函数的调用在定义之前，必须在调用函数前对函数原型进行说明。调用其他函数的函数称为主调函数，被其他函数调用的函数称为被调函数。

3.1.2　函数的定义及使用说明

函数定义的形式：

类型标识符　函数名(形式参数表)
```
{
    说明部分
    语句序列
}
```

类型标识符也就是函数的返回值类型，无返回值的函数其函数类型为 void，函数的返回值需要返回给主调函数的处理结果，由 return 语句完成。若没有给出返回值类型的定义，则此时默认定义函数返回值类型为 int。

形式参数表的形式：

$L_1\ X_1, L_2\ X_2, \ldots, L_n\ X_n$

其中，L_i 和 X_i（$i = 1, 2, \cdots, n$）分别表示形参的类型和形参名。没有形参的函数在形参表的位置写 void，或形参表为空，此时（ ）不能省略。

例如：

```
int  add(int a, int b)//定义一个加法函数
{
    return(a + b);
}
```

上例中第一个 int 声明此函数的返回值是一个整型变量，add 为函数名，"int　a, int b"为形式参数表，参数 int a 和 int b 表示该函数将接受两个整数并分别赋给 a 和 b。"return（a + b）"语句表示返回 a 与 b 的和。

[例3.2]　定义一个求绝对值的函数。

```
float Abs(float f)
{
  if(f > =0)
    return f;
  else
    return(-f);
}
```

函数在使用前必须先说明。函数说明的形式为：

函数类型　函数名(形式参数表);

例如：`float Abs(float f);　　//函数说明`

3.2 函数的调用

一个函数可以调用其他的函数，函数调用的格式为：

函数名(实参列表)

函数的调用一般有：值调用、嵌套调用、递归调用、引用调用。

3.2.1 值调用

在值调用过程中，形参作为函数执行过程中的临时变量在调用开始时被创建，并将实参的值赋给形参，形参在调用的最初成为实参的值的拷贝。函数在执行过程中对形参进行处理，如果函数有返回值，则将结果返回给主调函数，因此函数中的操作只对形参的值产生影响，而不会改变实参的值。实参只是将它的值复制给形参，而并不参与函数中的处理。

[**例** 3.3] 输入两个数，求两个数中的大数和平均值。

```
#include<iostream.h>
int Max(int a,int b);      //函数说明
float Average(int a,int b);
void main( )
{
    int x,y;
    int max;
    float average;
    cout << "请输入两个数:";
    cin >>x >>y;      //取得变量 x 和 y 的值
    max =Max(x,y);  //调用 main( )函数
    cout << "大数是: " <<max <<endl;
    average =Average(x, y);      //调用 Average( )函数
    cout << "平均值是: " <<average <<endl;
}
int Max(int a, int b) //定义 Max( )函数
{
    if(a >b)
      return a;
    else
      return b;
}
float Average(int a, int b)      //定义 Average( )函数
{
    return(a +b)/2.0;
}
```

运行结果

```
请输入两个数：50  6
大数是：50
平均数是：28
```

[例3.4] 举例说明，值调用不改变实参的值。

```cpp
#include <iostream.h>
void Swap(int x, int y);
void main()
{
    int x=2,y=4;
    cout << "x = " << x << "  ";
    cout << "y = " << y << endl;
    Swap(x,y);
    cout << "x = " << x << "  ";
    cout << " y = " << y << endl;
}
void Swap(int x,int y)
{
    int Temp;
    Temp=x;
    x=y;
    y=Temp;
}
```

运行结果

```
x=2   y=4
x=2   y=4
```

3.2.2 嵌套调用

函数的嵌套调用是指在一个函数的内部调用另外一个或多个函数

[例3.5]

```cpp
#include <iostream.h>
int f(int x)
{
    return(x*x);
}
int g(int x)
{
    return(x*f(x));
}
void main()
{
```

```
    int a = 5;
    cout << "the a value  is: " << a << endl;
    cout << "the f(a) value  is : " << f(a) << endl;
    cout << "the g(a) value  is: " << g(a) << endl;
}
```

运行结果

```
the a value is: 5
the f(a) value is: 25
the g(a) value is: 125
```

3.2.3 递归调用

函数对自身的直接调用或间接调用称为递归调用。

[例 3.6] 求 n!。

```
#include < iostream.h >
int f(int n)
{
    int a;
    if(n < 0) cout << "data  error! " << endl;
    else if(n == 0) a = 1;
    else   a = n * f(n - 1);
    return a;
}
void main( )
{
    int n,x;
    cout << "Enter a positive integer: ";
    cin >> n;
    x = f(n);
    cout << n << "! = " << x << endl;
}
```

运行结果

```
Enter a positive integer:8
8! = 40320
```

3.2.4 引用调用

值调用传递的是实参的值,是单向传递过程,形参值的改变不能改变实参。
如果在子函数中对形参的改变能对实参起作用,那么就需要使用引用调用。
引用是一个变量的别名,它是一种特殊类型的变量。引用的定义形式如下:

类型说明 & 引用 = 被引用变量名

即类型说明 &A = B；称 A 是 B 的引用。

类型说明用来说明引用的数据类型，被引用的变量应是已说明或定义过的。当声明一个引用时，应对它进行初始化，初始化后再不能指向其他对象。引用调用是用引用作为形参的函数调用。若要求实参的值在函数的执行过程中被改变，则可将函数的形参说明为引用类型，函数调用时会为实参产生相应的引用，在函数体中对这些引用变量进行的操作，也就是通过实参的别名操作实参。

[例 3.7]　指出下列程序的运行结果。

```
#include < iostream.h >
void main( )
{
    int   x,&y = x; //y 是 x 的引用
    x =10;
    cout << "x" << " = " <<y << endl;
}
```

运行结果

```
x =10
```

[例 3.8]　输入两个整数，交换后输出。

```
#include < iostream.h >
void Swap(int &a, int &b);      //带引用参数的函数说明
void main( )
{
    int x,y;
    cout << "请输入两个整数:" << endl;
    cin >> x >> y;
    cout << "两个整数是 x = " << x << ",y = " << y;
    Swap(x, y);
    cout << "交换后 x = " << x << ",y = " << y;
}
void Swap(int &a,int &b)
{
    int t ;
    t = a;
    a = b;
    b = t;
}
```

运行结果

```
请输入两个整数:
50   6
两个整数是 x =50,y =6
交换后 x =6,y =50
```

3.3 作用域与存储类型

3.3.1 作用域

作用域是一个标识符在程序中有效的区域。作用域的种类有四种：块作用域、函数作用域、文件作用域、类作用域。

块是由一对大括号括起来的语句集合。具有块作用的标识符，它的作用域从块中该标识符的声明开始一直到块结束的大括号为止。如果标识符为一个变量名，标识符的作用域即为一个变量的作用域，若变量的作用域为块作用域，则称此变量为局部变量。

例如：

```
void main( )
{
  int   i =1, j, a;      //局部变量 i、j、a 起作用
  j =2;
  a = i +j;
  cout << a;
}                        //局部变量 i、j、a 作用结束
```

如果一个标识符在整个函数内有效，则称该标识符具有函数作用域。函数的形参具有函数作用域。

例如：

```
int f( int a)   //标识符 a 具有函数作用域
{               //标识符 a 有效开始
...
}  //标识符 a 有效结束
```

文件作用域也称为全局作用域，文件作用域从标识符的声明点开始，一直到源文件的结束为止。一个有文件作用域的变量称为全局变量。在全局作用域与块作用域的公共部分，局部变量起作用。

[例3.9]　指出下列程序的运行结果。

```
#include < iostream.h >
int min(int a,int b);
int x =5,y =10;              //x、y 为全局变量
void main( )
{
    int x =7;                //x 为局部变量
    cout << min(x,y) << endl;    //全局变量 x 不起作用,x 为 7,y 为 10
}
int min(int x,int y)         //x,y 为局部变量
{
  if(x <y)
    return x;
```

```
    else
        return y;
    }
```

运行结果

● - ●

　7

● - ●

3.3.2　存储类型

C++的存储类型决定了一个变量的生存期和内存分配方式。变量的存储类型有四种：auto（自动）存储类型、register（寄存器）存储类型、extern（外部）存储类型和static（静态）存储类型。

存储类型的说明放在类型说明的前面：

存储类型　类型　变量名列表；

（1）auto 类型仅用于对局部变量存储类型的说明，对没有给出存储类型的局部变量，编译器默认地认为它具有自动的存储类型。运行时编译器在堆栈中自动分配内存空间，执行完后自动收回其分配的内存空间。

（2）register 也只用于局部变量的存储类型说明，在可能的情况下给 register 类型的变量分配寄存器存放变量，以加快程序的运行结果。寄存器变量的生存期与自动型相同，从定义开始，到直接包含它的块结束为止。

（3）extern 用于外部变量的存储类型说明。当某个变量被定义为外部变量时，其他函数和程序段都可以引用此变量。当说明外部变量时，可以进行初始化。

（4）static 类型变量又称静态变量。静态变量在内存中以固定的存放地址方式存放，而不是以堆栈的方式存放。静态变量的生存期从程序的运行开始，到程序的结束为止。

[例 3.10]　指出下列程序的运行结果。

```cpp
#include < iostream.h >
void fun( )
{
    int a =1;
    static int b =1;
    cout << "a = " << a << ", ";
    cout << "b = " << b << endl;
    a++;
    b = a +b;
}
void main( )
{
    fun( );
    fun( );
}
```

运行结果

```
a = 1,b = 1
a = 1,b = 3
```

3.4 内 联 函 数

对一些功能简单，使用频繁的函数，可使用内联函数。内联函数不是在调用时发生控制转移，而是**在编译时将函数体嵌入到每一个调用语句处**。使用内联函数可提高程序的运行速度，**但增加了程序的空间占用**。

内联函数定义如下：

inline 类型说明符　函数名(形参表)
```
{
    函数体
}
```

内联函数的定义应在第一次被调用之前。

[**例 3.11**] **内联函数的应用**。

```cpp
#include <iostream.h>
inline circle(int r)  //声明内联函数 circle()
{
    return 3.14 * r * r;
}
void main()
{
    int r,area;
    cout << "输入圆半径: ";
    cin >> r;
    area = circle(r); //调用 circle()函数
    cout << "圆面积为: " << area << endl;
}
```

运行结果

```
输入圆半径：10
圆面积为：314
```

3.5　形参具有默认值的函数

在函数的形参表中，可以给出某些参数的默认值，当函数调用语句不给出这些形参的对应实参时，编译器就将函数定义时说明的默认值赋给形参。给一个形参规定一个默认值时，用等号将默认值赋给它。

一个函数可以给出部分或全部形参的默认值。具有默认值参数的形参必须从形参列表的最右边开始，不间断地给出，默认形参值应在函数原型中给出。

例如：

```
int add(int x =2,int y =3)      //定义默认形参值
{
    return x +y;
}
```

下面的例子是不合法的默认参数定义；

```
int add(int x =2,int y);
int add(int x =2, int y,int p =3);
```

［例3.12］ 形参默认值的使用举例。

```
#include <iostream.h>
int add(int a =2,int b =3)
{
    return a +b;
}
void main()
{
    cout << "4 +5 = " << add(4,5) << endl;
    cout << "4 +3 = " << add(4) << endl;      //b 取默认值
    cout << "2 +3 = " << add() << endl;       //a,b 均取默认值
}
```

运行结果

```
4 +5 =9
4 +3 =7
2 +3 =5
```

3.6　函数的重载

函数的重载是面向对象程序设计的多态性的实现。重载就是用同一个名字，根据不

同的数据类型或参数个数产生不同的行为。重载函数的形式参数表必须是不同的，也就是说函数的参数表中对应的参数类型不同，或参数的个数不同，或参数表中不同类型参数的次序不同。

例如：

```
void  print(int);
void  print(int,int);
void  print(int,char);
void  print(char,int);
void  print(int,int,float);
```

以上函数可重载，编译程序根据实参的类型、个数和顺序匹配。

[例 3.13] 编写一个函数重载的程序。

```
#include <iostream.h>
void f(int a);      // 函数说明
void f(char a);
void f(int a,char b);
void main( )
{
    int x =1;
    char y = 'A';
    f(x);
    f(y);
    f(x,y);
}
void f(int a)
{
    cout << a << endl;
}
void f(char a)
{
    cout << a << endl;
}
void f(int a,char b)
{
    cout << a << "    " << b << endl;
}
```

运行结果

```
1
A
1    A
```

3.7 函 数 模 板

函数模板用来创建一个通用功能的函数。函数模板的定义形式为：

```
template < typename 标识符 >
类型标识符    函数名(形式参数表)
{
    说明部分
    语句序列
}
```

template 为定义函数模板的关键字，typename 也是关键字，typename 可以用 class 替换；标识符为类型参数，由用户定义，用于指定函数的返回值类型、参数类型和变量类型。模板中类型参数可以有多个，用逗号隔开，每个参数前面都有关键字 typename。

调用函数模板与调用普通函数的方法相同，函数模板被调用时，根据实参的类型确定模板参数的数据类型。

下面是两个求绝对值的函数：

```
int abs(int x)
{
    return x < 0? - x:x;}
}
double abs(double x)
{
    return x < 0? - x:x;}
}
```

以上两个函数只是参数类型不同，但是功能相同，可以用函数模板表示为：

```
template < typename T >
T abs(T x)
{
    return x < 0? - x:x;}
}
```

编译器从调用 abs（T x）时实参的类型，推出函数模板参数的数据类型。例如，执行语句：

```
int a = 5;
abs(a);
```

a 为整型，可以推出模板中类型参数 T 为整型。编译器以函数模板为样板，生成一个函数：

```
int abs(int x)
{
    return x < 0? - x:x;}
}
```

次时，调用的函数是 int abs（int x）。

[例 3.14]　编写一个函数模板，求三个数的最大值。

```
#include <iostream.h>
template <typename T>
T max(T a,T b,T c)
{
    if(b>a) a=b;
    if(c>a) a=c;
    return a;
}
void main( )
{
    int x1=1,y1=-1,z1=2,m;
    double x2=1.1,y2=2.1,z2=-3.1,n;
    m=max(x1,y1,z1);
    n=max(x2,y2,z2);
    cout << "x1,y1,z1 的最大值是: " <<m <<endl;
    cout << "x2,y2,z2 的最大值是: " <<n <<endl;
}
```

运行结果

x_1,y_1,z_1 的最大值是 2
x_2,y_2,z_2 的最大值是 2.1

3.8　程序举例

[例 3.15]　编写程序，设计一个简单的计算器，实现加、减、乘、除运算。

```
#include <iostream.h>
int check(char x);                 //检查操作符类型
void copy(float &a,float b);       //使 a 的值和 b 的值一样
void add(float &a,float b);        //使 a=a+b
void sub(float &a,float b);        //使 a=a-b
void mult(float &a,float b);       //使 a=a*b
void div(float &a,float b);        //使 a=a/b
void main( )
{
    float a,b;
    char x;
    do
    {
        cout << "please input  the first  number: ";
        cin >>a;              //输入第一个操作数
        cout << "please input  the operator: ";
        cin >>x;              //输入操作符
        if(x=='q'|| x=='Q')
```

```cpp
        break;                  //若输入'q'或'Q',退出do-while循环
        cout << "please  input  the  second  number: ";
        cin >> b;               //输入第二个操作数
        switch(check(x))   //根据操作符类型,执行对应的运算
        {
          case 0:     //操作符错
            cout << "wrong  operator! " << endl;
            break;
          case 1:     //操作符为'='
            copy(a,b);
            break;
          case 2:     //操作符为'+'
            add(a, b);
            break;
          case 3:     //操作符为'-'
            sub(a,b);
            break;
          case 4:     //操作符为'*'
            mult(a,b);
            break;
          case 5:     //操作符为'/'
            div(a,b);
            break;
        }
        if(!check(x))
        continue;    //操作符不合法,重新输入数据并计算
        cout << "the  result  you  want  is : " << a << endl;
    }while(1);
}
int check(char x)      //检查x的操作符类型
{
    if(x == '=')
        return 1;
    else if(x == '+')
        return 2;
    else if(x == '-')
        return 3;
    else if(x == '*')
        return 4;
    else if(x == '/')
        return 5;
    return 0;
}
void copy(float  &a,float b)
{
    a = b;
}
void add(float  &a,float b)
{
    a + = b;
}
void sub(float  &a,float b)      //使a = a-b
{
    a - = b;
```

```
}
void  mult(float  &a,float b)     //使a=a*b
{
    a* =b;
}
void div(float&a, float b)        //使a=a/b
{
    a/=b;
}
```

习　题　三

一、选择题

1. 当一个函数无返回值时，函数的类型应定义为（　　　）。

    A．void　　　　　　B．float　　　　　　C．int　　　　　　　D．char

2. C++语句中规定函数的返回值的类型是由（　　　）。

    A．return 语句中的表达式类型所决定的

    B．调用该函数时的主调用函数类型所决定的

    C．调用该函数时系统临时决定的

    D．在定义该函数时所指定的函数类型所决定的

3. 若有以下函数调用语句：

```
fun(a+b,(x,y),fun(n+k,c,(a,b)));
```

    在此函数调用语句中实参的个数是（　　　）。

    A．3　　　　　　　B．4　　　　　　　C．5　　　　　　　D．6

4. 在传值调用中，要求（　　　）。

    A．形参和实参类型任意，个数相等

    B．实参和形参类型都完全一致，个数相等

    C．实参和形参对应的类型一致，个数相等

    D．实参和形参对应的类型一致，个数任意

5. 要求通过函数来实现一种不太复杂的功能，并且要求加快执行速度，选用（　　　）。

    A．内联函数　　　　B．重载函数　　　　C．递归调用　　　　D．嵌套调用

6. 以下程序的输出是（　　　）。

```
#include <iostream.h>
int a=5;
int fun(int);
void main( )
{
  int a=10;
  cout << fun(3)*a << endl;
}
```

```
int fun(int k)
{
  if(k ==0) return a;
  return(fun(k -1) * k);
}
```

    A. 300   B. 60   C. 75   D. 以上均不对

二、编程题

1. 编写一个程序，运行时提示输入两个整数，再将较小的数和平均值显示出来。

2. 编写递归函数 power（int x，int y），计算 x 的 y 次幂，要求在程序中实现输入和输出。

3. 编写递归函数求 $1 + 2 + \cdots + n$ 的值，在主程序中提示输入整数 n，再输出前 n 项和。

4. 编写一引用调用程序，输入四个整数，要求按从小到大顺序输出。

5. 写两个分别输出整数和字符的同名函数，在主函数中调用这两个函数。

三、分析下列程序的运行结果

1. 写出程序的运行结果。

```
#include < iostream.h >
int x =3 ;
void f(int);
void main( )
{
  f(x);
  cout << "x = " << x << endl;
}
void f(int x)
{
  x =5 ;
}
```

2. 写出程序的运行结果。

```
#include < iostream.h >
static int x =10 ;
void f1( );
void f2( );
void main( )
{
  auto int x =5 ;
  cout << x << ",";
  f1( );
  f2( );
  cout << x << endl;
}

void f1( )
{
  x + =1 ;
  cout << x << ",";
```

```
}
void f2 ( )
{
    int x = 3 ;
    cout  << x << ",";
}
```

3. 写出程序的运行结果。

```
#include < iostream.h >
int f (int);
void main ( )
{
    cout << "s = " << f (4) << endl;
}
int f (int   n)
{
    if (n == 1)
      return 1;
    else
      return f (n - 1) + n;
}
```

4. 写出程序的运行结果。

```
#include < iostream.h >
int min (int a, int b);
int min (int a, int b, int c);
int   min (int a, int b, int c, int d);
void main ( )
{
    cout << min (13 ,5 ,4 ,9) << endl;
    cout << min ( - 2 ,8 ,0) << endl;
}
int min (int a, int b)
{
    return a < b?a:b;
}
int min (int a, int b, int c)
{
    int t = min (a,b);
    return min (t,c);
}
int min (int a, int b, int c, int d)
{
    int t1 = min (a,b);
    int t2 = min (c,d);
    return min (t1 ,t2);
}
```

5. 写出程序的运行结果。

```
#include < iostream.h >
void fun ( );
void main ( )
```

```
{
    fun( );
    fun( );
}
void fun( )
{
    int a =3;
    a =2 * a;
    static int b =5;
    b =2 * b;
    cout << a + b << endl;
}
```

6. 写出程序的运行结果。

```
#include < iostream.h >
int add(int x, int y = 6);
void main( )
{
    int a =10;
    cout << add( a ) << ", ";
    cout << add(a,add( a )) << ", ";
    cout << add(a,add(a,add( a ))) << endl;
}
int add(int a, int b)
{
    int s = a + b;
    return s;
}
```

复 习 题 三

一、填空题

1. static 类型变量又称为_____，其生存期是整个程序的运行期间。

2. 内联函数在定义时使用关键字_____。

3. 进行函数重载时，要求同名函数的_____不同，或_____不同，或_____不同。

二、选择题

1. 下列程序的运行结果是（　）。

```
#include < iostream.h >
void fun(int k)
{
    int b =3;
    k =b -- ;
    cout << k;
}
void main( )
```

```
{
    int a = 2;
    fun (a);
    cout << a;
}
```

    A. 32   B. 23   C. 22   D. 33

2. 设有如下函数定义

```
int f(int n)
{
    if(n < 1)
    return   -1;
    else if (n == 1)
    return 1;
    else return f(n - 1);
}
```

若执行调用语句：a = f（5）;，则 f 总共被调用的次数是（ ）。

A. 1   B. 4   C. 5   D. 6

3. 下列程序的运行结果是（ ）。

```
#include < stdio.h > //使用库函数 printf( ),应包含 stdio.h 头文件
void fun(int x)
{
   if(x/3 > 1)fun(x/3);
   printf("%d",x);   //调用库函数 printf( ),输出 x
}
void main( )
{
   fun(6);  printf("\n");
}
```

    A. 26   B. 6   C. 2   D. 62

三、编程题

1. 编写一个递归函数，将所输入的 3 个字符按相反顺序排列出来。

2. 编写一个输出 100～1000 之间的回文数程序。回文数是指各位数字左右对称的整数，例如 121,222。

3. 编写一个函数，求任意一个整数的各位数字之和。

4. 编写一个程序，验证歌德巴赫猜想，即"任一大于 2 的偶数都可以表示为两个素数之和"。提示用户输入一个大于 2 的偶数 n，验证在 2 至 n 范围内的每个偶数均满足结论，输出验证结果。

第 4 章 类 与 对 象

　　面向对象是具体的软件开发技术与策略，也是关于如何看待软件系统与现实世界的关系，如何进行系统构造的软件方法学。面向对象方法是从现实世界中的事物出发，并尽可能运用人类的自然思维方式来构造软件系统的。

　　面向对象方法是一种运用对象、类、封装、继承、聚合、多态性、消息传送等概念来构造系统的软件开发方法。

1. 对象

　　对象是系统中用来描述客观事物的一个实体，它是构成系统的一个基本单位，一个对象由一组静态属性和对这组属性进行操作的一组服务构成。属性是用来描述对象静态特征的一个数据项，服务是用来描述对象行为的一个操作序列。例如，对某个人来说，它的属性有姓名：李明，性别：男，年龄：20……；它的服务（操作或方法）顺序回答姓名，回答性别，回答年龄……

2. 类

　　类是具有相同属性和服务的一组对象的集合，对象是类的一个实列。类给出了属于该类的全部对象的抽象定义，对象是符合这种定义的一个实体。在 C++ 中，类是一个独立的程序单位，它有一个类名并包括属性说明和服务说明。

3. 封装

　　封装是把对象的属性和服务结合成一个独立的系统单位，并尽可能隐蔽对象的内部细节。

　　在面向对象语言中，把属性和服务结合起来组成一个程序单位，并通过编译系统确保对象的外部不能直接存取对象属性或调用它的内部服务。

4. 继承

　　继承是面向对象方法中一个十分重要的概念，可提高软件开发效率。特殊类的对象拥有其一般类的全部属性与服务，称作特殊类对一般类的继承。一个特殊类既有它所新定义的属性和服务，又有从它的一般类中继承下来的属性与服务。当一个特殊类又被它更下层的特殊类继承时，它继承下来的和自己定义的属性和服务又都一起被更下层的类继承。例如：我们认识了飞机的特征后，在考虑运输机时只要知道运输机也是一种飞机这个事实，那就认为它当然具有飞机的全部一般特征。

　　一个类可以是多个一般类的特殊类，它从多个一般类中继承了属性与服务，这种继承叫多继承。

　　面向对象程序设计的出发点是为了能更直接地描述客观世界问题中存在的事物以及它们之间的关系。面向对象的语言用对象描述客观世界中的事物，每个对象由一组属性和一组服务构成，分别描述事物的静态和动态特征。根据事物的共同性把事物归结为类。类有继承性，客观世界中较为复杂的事物往往是由其他一些比较简单的事物构成的，面向对象语言中提供了描述这种组成关系的功能。封装机制把对象的属性和服务结合为一个整体，并且屏蔽了对象的内部细节。通过消息表示对象之间的动态联系，面向对象的编程语言使程序能够比较直接地反映客观世界的本来面目，能运用人类认识事物所采用的一般思维方法来进行软件开发。客观事物中具有哪些值得注意的事物，程序中就对应哪些对象；事物之间有什么关系，程序中的对象之间就有什么关系。

4.1　类 的 定 义

　　类是 C++ 面向对象编程语言的一部分。把封装起来的数据和处理数据的代码称为类，类是一个用户自定义的类型。类的定义如下：

```
class   标识符
{
  private:
      私有数据成员;私有成员函数;
  protected:
      保护数据成员;保护成员函数;
  public:
      公有数据成员;公有成员函数;
};
```

　　类的成员包括：表示类属性的数据和表示类行为的成员。C++ 的类封装了数据和处理这些数据的操作，它一般包括三个部分：私有部分、保护部分、公有部分。私有类型成员用 private 关键字声明，私有的数据成员及成员函数只能被该类的成员访问，而类外部的任何访问都是非法的。私有的成员整个隐蔽在类中，在类的外部根本无法看见，实现了对访问权限的有效控制。保护类型成员用 protected 关键字声明，保护类型的性质和私有类型的性质相似，其差别在于继承时派生类的成员函数可以访问基类的保护成员。公有类型成员用 public 关键字声明，公有类型成员可以被任意成员访问，公有类型定义了类的外部接口。例 4.1 定义了一个名为 circle 的类。

　　[例 4.1]　定义一个 circle 类。

```
class circle
{
private:
        float  r;   //半径,数据
public:
        void get( );   //取得半径,成员函数,
        float length(int r);    //计算周长,成员函数
        float area (int r);     //计算半径,成员函数
};
```

程序解析

半径 r 是私有数据成员，只有类中成员函数可以访问，在类的外部是不能访问类中的私有成员的，类中定义了三个公有成员函数。

类通过关键字 class 声明，在声明的同时必须指定类成员的访问控制。在类的使用中，三种访问控制可能都有，也可能只有其中的一种或两种，一般具有私有的或公有的方式，类成员的默认访问级别是私有的。

4.2 成员函数的定义

类的成员函数，又称类的方法，用来规定类属性上的操作，实现类的内部功能的机制，也是类与外界的接口。C++ 中，定义类时可以在类中只声明函数的原型，而在类外定义类中的成员函数，也可以将成员函数定义成内联函数。

4.2.1 在类外定义成员函数

在类中给出成员函数的原型，而在类外定义类中的成员函数，其定义形式如下：

返回值类型 类名::成员函数名(参数表)
{
    函数体
}

其中返回值类型为此函数的返回值的类型，"::"符号是作用域运算符，它指出此函数属于哪一个类。

[例 4.2] 定义一个点类，并在类外定义类成员函数。

```
class  Point   //一个称为 Point 的类
{
private:
       float  x,y;     //点的坐标,数据成员
public:
       void  Setx(float a );    //设置 x 坐标,成员函数
       void  Sety(float  b);    //设置 y 坐标,成员函数
       float Getx(void);        //取得 x 坐标,成员函数
       float Gety (void);       //取得 y 坐标,成员函数
};
void  Point :: Setx(float a)
{
    x = a;
}
void  Point  ::  Sety(float  b)
{
    y = b;
}
```

```
float Point  :: Getx(void)
{
    return x;
}
float  Point  ::  Gety(void)
{
    return y;
}
```

4.2.2　带默认值的成员函数

类的成员函数可以有默认形参值，调用规则与普通函数相同。

例如：

```
float  Point :: Setx(float a =1)
{
    x = a;
}
```

如果调用这个函数时没有给出实参，则按照默认值将 x 坐标设置为 1。

4.2.3　内联成员函数

C++ 类中的成员函数也可以声明为内联函数。把成员函数声明为内联函数时可直接在类内定义该成员函数，也可以在类外定义，此时加上 inline 关键字把此函数声明为内联函数。

[例 4.3]　在 Point 类内，将 Setx（　）函数定义成内联函数。

```
class  Point
{
private:
    float x, y;
public:
    void  Setx(float a)   //将 Setx（）函数定义为内联函数
    {
        x = a;
    }
    void Sety(float b);
    float Getx(void);
    float Gety (void);
};
```

[例 4.4]　在 Point 类外，将 Setx（　）函数定义成内联函数。

```
class Point
{
private:
    float  x, y;
public:
    void Setx(float a);
```

```
        void Sety(float b);
        float Getx(void);
        float Gety(void);
};
inline  void  Point :: Setx(float a) //将 Setx( )函数定义为内联函数
{
    x = a;
}
```

例4.3 和例4.4 的效果完全相同，注意一般将相当简单的成员函数才声明为内联函数，这样既可以减少调用的开销，提高执行效率，也不会将执行程序的长度增加太大。

4.3　对　　象

定义了一个类后，不能对类的成员进行操作，如同不能对 int 型进行操作一样。要使用类必须先声明类的对象。类的对象是具有该类类型的某一实例。如果将类看作是自定义的类型，那么类的对象可看成是该类型的变量。类的对象的声明与声明一般变量相同，声明格式如下：

类名　类对象名；

声明多个对象，对象名之间用逗号隔开。

例如：Point　M；　//声明了一个点类的对象 M

在声明了类及其对象后，可以访问对象的公有成员。对对象的成员进行访问时可以用访问运算符 "."，其一般形式是：

**　　对象名 . 公有数据成员名**

或　**对象名 . 公有成员函数名 (参数表)**

例如，M. Setx（5）表示调用类 Point 的对象 M 的成员函数 Setx（float a）。

[**例4.5**]　编写点类的一个程序，输出坐标 x，y。

```
#include < iostream.h >
class Point　 //点类的声明
{
private:
    float x,y;
public:
    void Setx(float a);
    void Sety(float b);
    float Getx(void);
    float Gety(void);
};
void Point::Setx(float a)
{
  x = a;
}
```

```
void Point::Sety(float b)
{
   y = b;
}
float Point::Getx(void)
{
    return x;
}
float Point::Gety(void)
{
    return y;
}
void main( ) //主函数
{
    Point M;      //定义对象 M
    M.Setx(2);
    M.Sety(3);
    cout << M.Getx( ) << "," << M.Gety( ) << endl;
}
```

运行结果

2,3

4.4 对象的初始化和析构函数

4.4.1 初始化列表

在声明对象的时候进行的数据成员设置，称为对象的初始化。初始化列表是指在类的对象说明时，通过给出类的数据成员的初始值的列表来初始化类的一个对象，此方法一般用在仅有公共数据成员的类中。

[例 4.6] 初始化类 AB 的对象 p。

```
class  AB     //定义类 AB
{
public:
    int x, y;
};
AB p = {3,6}; //初始化对象 p
```

花括号标识初始化列表的开始和结束，其中的值按照类中数据成员的顺序排列，值与值之间用逗号分隔，编译器将自动把这些值赋给对象中相应的数据成员。

[例 4.7] 初始化类 ABC 的对象 L。

```
class ABC
```

```
{
public:
    AB M, N;       //定义类 AB 的对象 M,N
};
ABC  L = {{1,2},{3,4}};     //初始化对象 L
```

其中，类 ABC 包含两个类 AB 的对象，它们分别与第二层两个花括号相对应。

4.4.2 构造函数

用初始化列表对对象初始化有很大的局限性，一般采取用构造函数初始化对象。构造函数用于在创建类的对象时对类的对象进行初始化。构造函数也是类的一个成员函数，它可以在类内定义，也可以在类外定义。构造函数的函数名与类名相同。构造函数没有返回值，可以重载。当建立一个对象时，系统将自动调用相应的构造函数。

构造函数声明为公有成员函数，系统在编译过程中，当遇到对象的声明语句时，自动生成对构造函数的调用语句。构造函数可带参数，也可以不带参数。按参数不同，构造函数可分为如下几种。

1. 默认构造函数

无参数的构造函数称为默认构造函数。默认构造函数分系统自动提供的构造函数与用户自定义的构造函数两种。如果用户没有定义任何构造函数，系统会自动提供一个函数体为空的构造函数。

[**例** 4.8] 为类 Point 声明和定义构造函数。

```
class  Point
{
private:
    float x, y;
public:
    point(void);     //声明构造函数
    void Setx(float a);
    void Sety(float b);
    float Getx(void);
    float Gety(void);
};
Point ::Point(void)   //定义构造函数
{
    x = 0.0;
    y = 0.0;
}
```

当程序建立一个新对象时，该对象隶属类的构造函数被自动调用，完成对象的初始化。

2. 带参数的构造函数

在初始化对象时，如果给数据成员赋某一个初始化值，则可用带参数的构造函数。

[例 4.9] 带参数的构造函数的应用。

```
class exam
{
    int a, b;
public:
    exam(int x, int y);      //声明构造函数
};
exam::exam(int x, int y)     //定义构造函数
{
    a = x;
    b = y;
}
void main( )
{
    exam exam1(3,6);
    ...
}
```

[例 4.10] 带参数默认值的构造函数的应用。

```
#include < iostream.h >
class exam  //定义类 exam
{
    int a, b;
public:
    exam(int x =1,int y =2);      //声明带参数默认值的构造函数
    void show( )
     {
       cout << a << "," << b << endl;
     }
};
exam::exam(int x, int y)      //定义带参数默认值的构造函数
{
    a = x;
    b = y;
}
void main( )
{
    exam exam1;       //调用 exam(int x =1,int y =2)
    exam exam2(1);
    exam exam3(5,6);
    exam1.show( );
    exam2.show( );
    exam3.show( );
}
```

运行结果

```
1,2
1,2
5,6
```

3. 拷贝构造函数

构造函数也可以用一个已存在的对象为参数来创建另一个对象，这种构造函数又称为拷贝构造函数。如果用户没有定义拷贝构造函数，则系统将自动产生一个对象并把参数成员的值逐个拷贝到新建的对象中，拷贝构造函数的声明格式如下：

类名(类名 & 对象名)

4.4.3　析构函数

析构函数是类的一个公有函数成员，它的作用与构造函数正好相反，当对象被撤消时系统自动调用析构函数来释放对象所占用的空间，析构函数的名字与类名相同，在类名前加"～"构成。与构造函数相同，析构函数也没有返回值，并且析构函数不接受任何参数。

如果类中没有定义析构函数，则 C++ 将自动生成一个不做任何事情的默认的析构函数。如果类的对象在撤销前需做一些内部处理，则可自定义析构函数。

[例 4.11]　析构函数举例。

```
class  Point
{
private:
     float  x,y;
public:
    void Setx(float a);
    void Sety(float b);
    float Getx(void);
    float Gety(void);
    ~Point( ){ } //析构函数
};
```

程序解析

给 Point 类加入一个空的内联析构函数，其功能和系统自动生成的默认析构函数相同。在程序运行中，如果构造对象动态申请了一些内存单元，在对象消失时就要释放这些内存单元，这种工作用析构函数完成，后面的内容中将涉及此问题。

4.5　静态成员与友元函数

4.5.1　静态成员

类的成员可以在说明时，使用关键字 static 修饰，被修饰的成员称为静态成员。静态成员分为静态数据成员和静态成员函数，定义了类后，类中的成员是不能直接被访问的，只有在用类声明了一个对象后，才可以通过该对象来访问类中的成员。用一个类声明多个对象后，每个对象都拥有该类的成员的拷贝。但如果类中的成员被声明为静态，则不论声明多少个对象，所有的对象都共享该成员的同一个拷贝，每个类只有一个拷贝，由该类的所有对象共同维护和使用。静态成员是属于类而不是属于对象的，因此在类定义完成后，即使没有声明类的对象，也可以直接访问类的静态成员。访问时，必须使用作用域运算符 "::"，并给出静态成员所属类名，一般用法是，"类名::标识符"。

可以用关键字 static 把类的一个数据成员声明为静态成员，声明形式如下：

static 数据类型 变量名；

静态数据成员在类内声明，但不能在类的内部对其初始化，而要在定义了类之后在类的外部对其初始化。

[**例** 4.12] 静态数据成员举例。

```
#include < iostream.h >
class Apple
{
private:
    static int n; //声明静态变量 n
    float weight;
public:
    Apple(float m) //定义构造函数
    {
        n++ ;
        weight =m;
    }
    void show( );
};
int Apple::n =0; //初始化静态变量 n
void Apple::show( )
{
    cout << "苹果重" <<weight << "kg" <<endl;
    cout << "共" <<n << "个苹果" <<endl;
}
void main( )
{
    Apple a1(0.2);        //声明 Apple 类的对象 a1
    a1.show( );           //调用类对象 a1 的成员函数
    Apple a2(0.25);       //声明 Apple 类对象 a2
    a1.show( );           //调用类对象 a1 的成员函数
    a2.show( );           //调用类对象 a2 的成员函数
}
```

运行结果

苹果重 0.2kg
共 1 个苹果
苹果重 0.2kg

共 2 个苹果
苹果重 0.25kg
共 2 个苹果

类的成员函数可声明为静态，与静态数据成员类似，静态成员函数可以不通过对象而被直接访问。静态成员函数形式：

static 返回值类型　函数名(参数列表)

[**例** 4.13]　静态成员函数举例。

```
#include <iostream.h>
class exam    //定义类
{
private:
    static int n;              //声明 n 为静态变量
public:
    exam( )                    //定义构造函数
    {
      n++;
    }
     static void show( )       //定义静态成员函数
     {
         cout << n << endl;
     }
};
int exam::n = 0;  //初始化静态变量 n
void main( )
{
    exam::show( );     //直接调用 exam 类的 show( )函数
    exam a1;           //声明 exam 的对象 a1
    exam::show( );     //直接调用 exam 类的 show( )函数
    a1.show( );        //调用 exam 类对象 a1 的 show( )函数
    exam a2,a3;        //声明 exam 的对象 a2,a3
    exam::show( );     //直接调用 exam 类的 show( )函数
}
```

运行结果

0
1
1
3

4.5.2　友元函数

友元函数是在类声明中用关键字 friend 修饰的非成员函数。类的私有部分只能被类内的函数访问，而不能为类的外部所访问，有时我们希望一个类外的函数能够访问类的私有成员。为使一个类外部的某些对象能够对其私有成员进行访问，C++ 引入了友元函数。一个类的友元函数是在该类中说明的函数，它不是该类的成员，但可以访问该类的所有成员，包括私有成员和保护成员。因为友元函数不是类的成员，因而友元函数不能直接使用类的成员，友元函数的参数只能是类的对象，而不是类的成员。

友元函数的声明要在类的内部，可以放在私有部分也可以放在类的公有部分。我们既可以在类内声明一个普通函数为此类的友元函数，也可以声明其他类的成员函数为某类的友元函数。友元函数的定义可在类外实现，一个函数可以是多个类的友元函数。

用关键字 friend 可以把一个函数声明为一个类的友元函数，其形式如下：

friend 返回值类型　　函数名(类名 & 对象名);

[**例 4.14**]　计算两个整点之间的距离。

```cpp
#include <iostream.h>
#include <math.h>
class Point   //声明 Point 类
{
private:
    int x,y;
public:
    Point(int a =0, int b =0) {x = a; y = b;}
    int Getx( ){return x;}
    int Gety( ){return y;}
    friend float d(Point &P1,Point &P2); //友元函数声明
};
float d(Point &P1,Point &p2)   //定义友元函数
{
    double x = double(P1.x - p2.x);   //通过对象访问私有数据成员
    double y = double(P1.y - p2.y);
    return float(sqrt(x * x + y * y));
}
void main( )
{
    Point M1(1,2),M2(2,2);
    cout << "the distance is: " << d(M1,M2) << endl;
}
```

运行结果

the distance is:1

4.6　结　构　体

4.6.1　结构体和结构体变量的定义

结构体是由不同数据类型的数据组成的集合体。声明一个结构体类型的形式为：

```
struct 结构体名
{
    成员列表;
};
```

例如：

```
struct   student
{
    int   No;
    char  sex;        //学生性别
    int Age;          //学生年龄
};
```

结构体类型变量声明的形式为：

结构体名   结构变量名;

声明结构变量时可设置初值。结构体变量声明可以在结构体类型声明之后，也可以与结构体类型同时声明，结构体成员的访问形式是：

结构体变量名.成员名

4.6.2   用 struct 定义类

C++ 可以使用结构类型的关键字 struct 定义类。一般形式为：

```
struct   类名
{
public:
    公有成员
protected:
    保护成员
private:
    私有成员
};
```

在用 struct 定义的类中，默认成员的访问权限是公有的，而用 class 定义的类中，默认成员访问权限是私有的。

[**例** 4.15]   指出下列程序的运行结果。

```
#include < iostream.h >
struct A
{
    A(int,int);
    void print ( )
    {
        cout << a << ", " << b << endl;
    }
private:
    int a,b;
};
A::A(int i,int j)
```

```
{
    a = i; b = j;
}
void main( )
{
    A x(1,2),y(3,4);
    x.print( );
    y.print( );
}
```

运行结果

1,2
3,4

4.7 常对象和常成员

常成员指常成员函数和常数据成员。

4.7.1 常对象

常类型的对象称为常对象,也称为对象常量,其定义形式为:

类名 const 对象名;

或 **const 类名 对象名;**

在定义常对象时,需要进行初始化,并且该对象不能被更新。

例如,

```
class A
{
private:
    int x;
public:
    A(int i){x = i;}
};
const A a(1);
```

其中,a 是常对象,不能被更新。

常对象不能调用普通的成员函数,但可调用常成员函数。

4.7.2 常成员函数

用 const 关键字声明的成员函数称为常成员函数,常成员函数的声明形式为:

返回值类型 成员函数名(参数表)const;

其中，const 是函数类型的一个组成部分，在定义常成员函数时，const 不能省略。

普通对象可以调用常成员函数，常对象只能调用常成员函数。常成员函数不能修改对象的数据成员的值，也不能调用普通的成员函数，const 关键字可以用于对重载函数的区分。

4.7.3 常数据成员

常类型的数据成员称为常数据成员，其定义形式为：

const 数据类型 数据成员名；

构造函数对常数据成员进行初始化，常数据成员的值不能被更新。如果为常数据成员提供初值，则不能在构造函数中直接用赋值语句；如果通过初始化列表提供初值，则在构造函数的括号后面加"："和初始化表。

初始化列表提供初值的形式为：

类名(参数表)：数据成员名1(初值1),...，数据成员名 n（初值 n）
```
{
    函数体
}
```

如果有多个数据成员，则之间用逗号隔开。

[**例 4.16**] 指出下列程序的运行结果。

```cpp
#include < iostream.h >
class A
{
private:
    const int x;
    static const int y;
public:
    const int &t;
    A(int i):x(i),t(x){ };
    void show( )const
    {
        cout << "x = " << x << ",y = " << y << ",t = " << t << endl;
    }
    void disp( )
    {
        cout << "x + y = " << x + y << endl;
    }
};
const int A::y = 5;
void main( )
{
    A a(1),b(2);
    const A c(3);
    a.show( );   //普通对象可以调用常成员函数
    b.show( );
    a.disp( );
    c.show( );   //常对象只能调用常成员函数
}
```

运行结果

```
x = 1 ,y = 5 ,t = 1
x = 2 ,y = 5 ,t = 2
x + y = 6
x = 3 ,y = 5 ,t = 3
```

4.8　类　模　板

类模板为类定义一种模式,使类中的某些数据成员、成员函数的参数和成员函数的返回值能取任意类型。类模板的定义形式为:

```
template <模板参数表 >
class 标识符
{
private:
    私有数据成员;私有成员函数;
protected:
    保护数据成员;保护成员函数;
public:
    公有数据成员;公有成员函数;
};
```

template 为定义类模板的关键字,模板参数表包含下列内容:

class 标识符

还可以包含:

数据类型　标识符 = 常量值;

class 后的标识符为类型参数,由用户定义;多个参数之间用逗号隔开。

类模板声明对象的形式为:

类名 <实参表 >　对象名;

实参表与类模板定义时的模板参数表中的类型参数一一对应。

在类模板外定义其成员函数,定义形式为:

```
template <模板参数表 >
返回值类型 类名 <标识符 >::函数名(参数表)
{
    函数体
}
```

[例4.17] 指出下列程序的运行结果。

```cpp
#include <iostream.h>
template <class T,int n =1 >
class A
{
private:
    T x, y;
public:
    A(T a,T b){x =a,y =b;}
    T add( ){return x +y +n;}
    T max( );
};
template <class T,int n >
T A<T,n >::max( )
{
    return (x >y?x:y);
}
void main( )
{
    A<int > a(1,2);
    A<double > b(1.1,2.2);
    cout << "s1 = " <<a.add( ) <<endl;
    cout << "s2 = " <<b.add( ) <<endl;
    cout << "x,y 中的大数为: " <<b.max( ) <<endl;
}
```

运行结果

```
s1 =4
s2 =4.3
x,y 中的大数为:2.2
```

4.9　程序举例

[例4.18] 定义一个时间类 Time，能提供由时、分、秒组成的时间。

```cpp
#include <iostream.h>
class Time
{
    int hours,minutes,seconds;
public:
    Time(int  h, int  m, int s);
    void display( );
};
Time::Time(int h, int m, int s)
{
    hours =h; minutes =m;seconds =s;
}
```

```
void Time::display( )
{
    cout << hours << ": " << minutes << ": " << seconds << endl;
}
void main( )
{
    Time entry(8,0,0), exit(17,30,0);
    entry.display( );
    exit.display( );
}
```

运行结果

- -

```
8:0:0
17:30:0
```

- -

习 题 四

一、选择题

1. 在下面类的说明中，错误的地方是（　　）。

```
class A
{
    int a = 5;                (A)
    A( );                     (B)
    public:
    A(int  va1);              (C)
    ~A;                       (D)
}
```

2. 有关类的说法不正确的是（　　）。

A. 类是一种用户自定义的数据类型

B. 只有类中的成员函数才能存取类中的私有数据

C. 在类中，如果不作特别说明，所有的数据均为私有类型

D. 在类中，如果不作特别说明，所有的成员函数均为公有类型

3. 有关构造函数的说法不正确的是（　　）。

A. 构造函数名字和类的名字一样

B. 构造函数在说明类变量时自动执行

C. 构造函数无任何函数类型

D. 构造函数有且只有一个

4. 能对对象进行初始化的是（　　）。

A. 析构函数　　　　B. 数据成员　　　　C. 构造函数　　　　D. 静态成员函数

5. 在下列关键字中，用以说明类中保护成员的是（　　）。

    A．public　　　　　　B．private　　　　　C．protected　　　　D．friend

6．下列的各类函数中，不是类的成员函数的是（　　　）。

    A．构造函数　　　　　　　　　　　　B．析构函数

    C．友元函数　　　　　　　　　　　　D．拷贝构造函数

7．不是构造函数特征的是（　　　）。

    A．构造函数的函数名与类名相同

    B．构造函数可以重载

    C．构造函数可以设置默认参数

    D．构造函数必须指定类型说明

8．表示析构函数特征的是（　　　）。

    A．一个类中只能定义一个析构函数

    B．析构函数名与类名不同

    C．析构函数的定义只能在类体内

    D．析构函数可以有一个或多个参数

二、简答题

1．简述构造函数和析构函数的作用。

2．公有类型成员与私有类型成员有什么区别？

3．定义一个 Cat 类，包括数据成员 age、weight，成员函数包括构造函数、Setage（　）、Setweight（　）、Getage（　）、Getweight（　），定义一个对象 A 进行测试。

4．定义一个 Circle 类，包括数据成员 R（半径），成员函数 Area（　），计算圆的面积。定义一个对象 B 进行测试。

三、分析下列程序的运行结果

1．写出程序的运行结果。

```
#include<iostream.h>
class A
{
private:
    int i;
    static int k;
public:
    A( );
    void Display( );
};
A::A( )
{
    i=0;
    k++;
}
void A::Display( )
{
    cout<<"i="<<i<<",k="<<k<<endl;
}
int A::k=0;
```

```
void main( )
{
    A a,b;
    a.Display( );
    b.Display( );
}
```

2. 写出程序的运行结果。

```
#include < iostream.h >
#include < iomanip.h >
class rectangle
{
private:
    float ledge,sedge;
public:
    rectangle( ){  };
    rectangle(float a, float b)
      {ledge = a;sedge = b;}
    float area( )
      {
        return ledge * sedge;
      }
    void addarea(rectangle r1,rectangle r2)
      {
        cout << "总面积: " << r1.ledge * r1.sedge + r2.ledge * r2.sedge << endl;
      }
};
void main( )
{
    rectangle A(2,3),B(4, 5),C;
    C.addarea(A,B);
}
```

3. 写出程序的运行结果。

```
#include < iostream.h >
#include < math.h >
class Point
{
    friend double Dist(Point, Point);
public:
    Point(double i, double j)
      {x = i;y = j;}
    void Getxy( )
      {cout << "(" << x << ", " << y << ")" << endl; }
private:
    double x,y;
};
double Dist(Point a,  Point b)
{
    double dx = a.x - b.x;
    double dy = a.y - b.y;
    return sqrt(dx * dx + dy * dy);
}
```

```
void main( )
{
    double x1 =1.0,y1 =2.0,x2 =4.0,y2 =6.0;
    Point P1(x1,y1), P2(x2,y2);
    P1.Getxy( );
    P2.Getxy( );
    double d =Dist(P1, P2);
    cout << "Distance is " <<d <<endl;
}
```

复 习 题 四

一、填空题

1. 定义类时，类名由用户自己定义，但必须是 C++ 的有效_____。

2. 类的成员包含_____和_____。

3. 保护类型成员用_____关键字声明。

4. 用 class 定义的类中，默认成员的访问权限是_____的。

5. 构造函数的名字必须与_____相同。

6. 构造函数和析构函数没有_____值。

7. 一个类只能拥有一个_____函数。

8. _____数据成员是类的所有对象共享的成员。

二、编程题

1. 下列程序有错误，请加以改正，并说明理由。改正后程序的输出结果为：

构造函数被调用
x 的值是 6
−5 的绝对值是 5
Destructor called

提示：只修改每个注释// ERROR **** found **** 下的那一行，不改动程序中的其他内容。

程序如下：

```
#include <iostream.h >
class myclass
{
private:
    float  x;
public:
    //ERROR **** found ****
    void myclass (float i)
    {
        x =i;
        cout << "构造函数被调用" <<endl;
    }
```

```
    float f(float a){ return a > =0 ? a:-a;}
    float Getx( ){ return x;}
    // ERROR **** found ****
    ~myclass(float x) { cout << "Destructor called" << endl;}
};
int main( )
{
    myclass obj(6);
    // ERROR **** found ****
    cout << " x 的值是" << x << endl;
    cout << "-5 的绝对值是" << obj.f(-5) << endl;
    return 0;
}
```

2. 编写一个程序计算任意两点之间的距离。编写一个 point 类，类中定义 4 个私有数据成员 x1，y1，x2，y2，用于存放两点坐标；两个公有成员函数 setpoint（ ）和 disp（ ），分别用于设置坐标值和输出两点之间的距离。程序运行时，提示用户输入两点坐标，运行后输出两点之间的距离。

第5章 数 组

数组是具有一定顺序关系的一组相同类型变量的集合，其中每个变量称为数组的元素，并连续存放在内存中。数组可分为一维数组和多维数组。

5.1 一 维 数 组

5.1.1 一维数组的定义

一维数组的声明格式为：

数据类型 数组名[常量表达式]；

其中数据类型是除 void 以外的任一类型，数组名的命名与变量名相同，数组名代表数组元素在内存中的起始地址。数组元素个数为整常数，可以由常量表达式给出。常量表达式也称为下标表达式，成对的'［'和'］'是下标运算符，数组的下标是从 0 开始的。例如：

```
int a[10];
```

它表示 10 个元素的一维整型数组 a，数组名为 a，数组共有 10 个元素，它们是：a［0］、a［1］、a［2］、a［3］、a［4］、a［5］、a［6］、a［7］、a［8］、a［9］。数组在内存中的存放顺序如图 5-1 所示。

a[0]	a[1]	a[2]	a[3]	a[4]	a[5]	a[6]	a[7]	a[8]	a[9]

图 5-1 数组 a 在内存中的存放顺序

5.1.2 数组的访问

在使用数组时，只能分别对数组的各个元素进行操作。数组要先定义后使用，数组元素的访问格式：

数组名[下标]

例如：

```
int A[10];        //声明数组 A
A[0]=6;           //将整数 6 存入数组 A 的第 1 个元素中
A[5]=7;           //将整数 7 存入数组 A 的第 6 个元素中
cout <<A[5];      //输出数组 A 的第 6 个元素
```

```
int x;
x = A[5];            //将数组 A 的第 6 个元素存入变量 x 中
```

5.1.3 数组的初始化

数组可以在声明时进行初始化。数组初始化时数组元素初始化值放在"｛ ｝"号中，各值之间用","号分开。如果"｛ ｝"号中初始值的个数比所声明的数组元素少，则不够的部分系统自动置 0 补足。在声明数组时，"［ ］"号中可以不写元素的个数，编译器会自动根据初始化表中元素的个数确定数组的长度。

例如：

```
int a[3] = {0,1,2};   //a[0] = 0,a[1] = 1,a[2] = 2
int a[5] = {1,2,3};   //a[0] = 1,a[1] = 2,a[2] = 3,a[4] = 0,a[5] = 0
int a[ ] = {1,2,3};   //a[0] = 1,a[1] = 2,a[2] = 3
```

[例 5.1] 输入 5 个整数后按与输入次序相反的次序输出。

```
#include < iostream.h >
void main( )
{
    int i;
    int a[5];            //声明整型数组 a
    cout << "请输入 5 个整数：" << endl;
    for(i = 0; i < 5;i++)
    cin >> a[i];         //输入数组元素
    cout << "反向输出：" << endl;
    for(i = 4;i > = 0; -- i)
    cout << a[i] << " ";  //反向输出
}
```

运行结果

```
请输入 5 个整数：3   4   5   6   7
反向输出：7   6   5   4   3
```

[例 5.2] 求 5 个学生的平均身高。

```
#include < iostream.h >
void main( )
{
    int i;
    float high[5]; //定义数组 high
    float s = 0.0;
    cout << "请输入 5 个学生的身高：";
    for(i = 0;i < 5;i++)
    {
        cin >> high[i];
    }
    for(i = 0;i < 5;i++)
```

```
        s + =high[i]/5;
    cout << "平均身高是: " << s << endl;
}
```

运行结果

请输入 5 个学生的身高：170   160   165   175   180
平均身高是：170

5.2　二　维　数　组

5.2.1　二维数组的定义

二维数组的声明格式：

数据类型　数组名[常量表达式1][常量表达式2];

常量表达式称为下标表达式，必须为常整数，常量表达式 1 表示第一维的下标个数，常量表达式 2 表示第二维的下标个数。常量表达式 1 也可以称为数组中包含的元素的行数，常量表达式 2 指定了数组中包含的元素的列数，数组的下标从 0 开始。例如：

```
int a[2][3];
```

表示 a 为整型二维数组，有 2×3 个元素。
第一行：a [0] [0], a [0] [1], a [0] [2],
第二行：a [1] [0], a [1] [1], a [1] [2],
二维数组 a 在内存中的存放顺序是：
a [0] [0], a [0] [1], a [0] [2], a [1] [0], a [1] [1], a [1] [2]。
二维数组在内存中是以行优先的方式按照一维顺序关系存放的，因此对于二维数组，相当于一个一维数组。

```
              ┌──a[0]────a[0][0]  a[0][1]  a[0][2]
  a──────┤
              └──a[1]────a[1][0]  a[1][1]  a[1][2]
```

二维数组的数组名 a 是该数组首行 a [0] [0] 的地址。

5.2.2　二维数组的访问

访问二维数组元素的形式为：

数组名[下标1][下标2]

例如：

```
int a[2][3];            //声明二维数组
int x;
a[1][2] = 3;            //将 3 存入数组 a 的第 2 行第 3 列
x = a[1][2];            //将数组 a 的第 2 行第 3 列元素的值赋给变量 x
cout << a[0][1];        //输出数组的第 1 行第 2 列的元素
```

5.2.3　二维数组的初始化

二维数组的初始化类似一维数组。此外，如果给出全部元素的初值，则第一维的下标个数可以不用显式说明，每一行也可用花括号括起来。

例如：

```
int a[2][3] = {0,1,2,3,4,5};
int a[ ][3] = {0,1,2,3,4,5};
int a[2][3] = {{0,1,2,},{3,4,5}};
```

以上三种情况是等价的，初始化后结果如下：

a[0][0] = 0,a[0][1] = 1,a[0][2] = 2,a[1][0] = 3,a[1][1] = 4,a[1][2] = 5.

[**例 5.3**]　计算两个二阶矩阵之积。

```cpp
#include < iostream.h >
void main( )
{
    int A[2][2],B[2][2],C[2][2];
    int i,j,k;
    for(i = 0;i < 2;i++ )
    {
      for(j = 0;j < 2;j++ )
       {
          cout << "请输入矩阵 A 的第" << i +1 << "行第" << j +1 << "列元素：";
          cin >> A[i][j];
       }
    }
    for(i = 0;i < 2;i++ )
    {
      for(j = 0;j < 2;j++ )
      {
        cout << "请输入矩阵 B 的第" << i +1 << "行第" << j +1 << "列元素：";
        cin >> B[i][j];
       }
    }
    cout << "A * B: " << endl;
    for(i = 0;i < 2;i++ )
    {
      for(j = 0;j < 2;j++ )
      {
        C[i][j] = 0;
        for(k = 0;k < 2;k++ )
          C[i][j] + = A[i][k] * B[k][j];
        cout << C[i][j] << " ";
      }
```

```
        cout << endl;
    }
}
```

运行结果

```
请输入矩阵 A 的第 1 行第 1 列元素：1
请输入矩阵 A 的第 1 行第 2 列元素：2
请输入矩阵 A 的第 2 行第 1 列元素：3
请输入矩阵 A 的第 2 行第 2 列元素：4
请输入矩阵 B 的第 1 行第 1 列元素：5
请输入矩阵 B 的第 1 行第 2 列元素：6
请输入矩阵 B 的第 2 行第 1 列元素：7
请输入矩阵 B 的第 2 行第 2 列元素：8
A * B：
19   22
43   50
```

5.3 字 符 串

由若干个字符组成的序列称为字符串。字符串常量是用一对双引号括起来的字符序列，其在内存中按字符的排列顺序存放，每一个字符占一个字节，并在末尾添加 '\0' 作为结尾标记。在 C++ 的基本数据类型变量中没有字符串变量，C++ 用字符数组和 string 类对字符串进行处理。

5.3.1 字符数组

用于存放字符数据的数组是字符数组。在 C++ 中，字符串看作以 '\0' 字符（空字符）结束的字符数组。字符数组的声明和引用方法与其他类型的数组相同。如果对数组进行初始化时，在结尾放置一个 '\0' 字符，则构成了字符串。存放字符串的数组元素个数应大于字符串的长度，当对字符数组进行初始化赋值时，初值的形式可以是以逗号分隔的 ASCII 码或字符常量，也可以是整体的以双引号括起来的字符串常量，此时，系统自动在最后一个字符后加一个 '\0' 作为结束符。

初始化字符数组可用图 5-2 所示的形式。

char str1 [8] = {'C', 'h', 'i', 'n', 'a'};

C	h	i	n	a			

char str2 [8] = {'C', 'h', 'i', 'n', 'a', '\0'}

C	h	i	n	a	\0		

char str3 [8] = { "China" };

C	h	i	n	a	\0		

char str4 [8] = "China";

C	h	i	n	a	\0		

图 5-2　初始化字符数组

当初始化字符数组时，根据字符串的长度，编译器会自动确定数组的长度，下面两种方法等价。

```
char str[ ] = "China";
char str[6] = "China";
```

初始化的字符串可以是空串：

```
char a[3] = " ";
```

当字符串输出时，可以逐个字符输出，也可以整体输出，输出字符串不包括 '\0'。当字符串整体输出时，输出项是字符数组名，遇到 '\0' 输出结束。

例如：

```
char a[ ] = " China";
cout << a;
```

输入单个字符串时不能有空格，输入时遇到空格便停止。

可使用系统的字符串处理函数 strcat（连接）、strcpy（复制）、strlen（求长度）等对字符串进行处理，使用前将头文件 string.h 包含到源程序中。

[例 5.4] 输入长度不超过 100 的字符串，计算并输出该字符串的长度。

```
#include < iostream.h >
void main( )
{
    char str[100] = "       ";
    int l = 0;
    cout << "请输入一个字符串：";
    cin >> str;
    int i = 0;
    while(str[i] != '\0')
    {
        l++;
        i++;
    }
    cout << "字符串的长度：" << l << endl;
}
```

运行结果

请输入一个字符串：goodgoodstudyday day up
字符串的长度：16

5.3.2 string 类

C++ 预定义了字符串类，string 类存在于标准 C++ 库中，提供了对字符串进行处理的操作。

Microsoft Visual C++ 6.0 环境中要使用 string 类，需要包含头文件 string。string 类的操作符及说明如表 5-1 所示。（x = "ab"，y = "cde"）

表 5-1   string **类的操作符**

操 作 符	例 　 子	结 　 果
+	x + y	abcde
=	x = y	x = "cde"
+ =	x + = y	x = "abcde"
==	x == y	false
! =	x! = y	true
>	x > y	false
< =	x < = y	true

string 类中几个常用成员函数如下：

string append（const char ∗ s）；// 将字符串 s 添加在所属对象存放的字符串尾部

int length（ ）；   // 返回字符串长度

void swap（string &str）；   // 将所属对象存放的字符串与 str 中的字符串进行交换。

［例 5.5］   string 类的应用。

```
#include < string >
#include < iostream >
using namespace std;        //使用标准 C++ 库时,用于指定命名空间
void main( )
{
    string s1 = "ABC",s2 = "123";      //定义对象 s1,s2
    cout << "s1 is " << s1 << endl;
    cout << "s2 is " << s2 << endl;
    cout << "length of s1: " << s1.length( ) << endl;
    s2 + = s1;
    cout << "s2 = s2 + s1: " << s2 << endl;
}
```

运行结果

```
s1  is  ABC
s2  is  123
length of s1:3
s2 = s2 + s1:123ABC
```

5.4 　对 象 数 组

元素是对象的数组称为对象数组。声明一个一维对象数组的形式是：

类名 　数组名 [常量表达式]；

其中，表达式是整常数，也称为下标表达式。

使用对象数组只能引用单个数组元素，通过对象可以访问到它的公有成员，访问形式是：

数组名[下标].成员名；

例如：

```
class A
{
public:
    A(int i;int j)
    {
      a = i;
      b = j;
    }
};
A a[3] = {A(1,2),A(2,3),A(3,2)};
A a[3];    //声明对象数组
a[0] = A(1,2);
a[1] = A(2,3);
a[2] = A(3,2);
```

[**例 5.6**] 指出下列程序的输出结果。

```
#include < iostream.h >
class A
{
public:
    A(int i,int j)
    {
        m = i;n = j;
    }
     int Getm( )
     {return m;}
     int Getn( )
     {return n;}
private:
     int m, n;
};
void main( )
{
    A a[4] = {A(1,2),A(3,4),A(5,6),A(7,8)};
    for(int i = 0;i < 4;i++ )
    cout << "(" << a[i]. Getm( ) << "," << a[i].Getn( ) << ")" << endl;
}
```

运行结果

```
(1,2)
(3,4)
(5,6)
(7,8)
```

5.5　程序举例

[例 5.7]　设计一个 Bank 类，实现银行某账号的资金往来账目管理，包括建立账号、存入、取出等。

```cpp
#include <iostream.h>
#include <iomanip.h>    //头文件中包含设置域宽函数 setw( )
#include <string.h>
#define Max 100
class Bank
{
    int top;
    char date[Max][10];    //日期
    int money[Max];        //金额
    int rest[Max];         //余额
    static int sum;        //累计余额
  public:
    Bank( ){top = 0;}
    void bankin(char d[ ],int m)
    {
        strcpy(date[top],d);
        money[top] = m;
        sum = sum + m;
        rest[top] = sum;
        top++;
    }
    void bankout(char d[ ],int m)
    {
        strcpy(date[top],d);
        money[top] = -m;
        sum = sum - m;
        rest[top] = sum;
        top++;
    }
    void disp( )
    {
    int i;
    cout << "  日期              存入       取出       余额" << endl;
    for(i = 0;i < top;i++)
      {
        cout << setw(10) << date[i];
        if(money[i] < 0)
          cout << setw(20) << -money[i];
        else
          {
            cout << setw(10) << money[i];
            cout << setw(10) << " ";
          }
        cout << setw(10) << rest[i] << endl;
```

```
        }
    }
};
int Bank::sum = 0;
void main( )
{
    Bank obj;
    obj.bankin("2010.2.5",10000);
    obj.bankin("2010.3.2",3000);
    obj.bankout("2011.5.1",800);
    obj.bankout("2012.1.5",900);
    obj.disp( );
}
```

运行结果

日期	存入	取出	余额
2010.2.5	10000		10000
2010.3.2	3000		13000
2011.5.1		800	12200
2012.1.5		900	11300

习 题 五

一、选择题

1. 在语句 int a [5] = {1, 2, 3} 中, 数组元素 a [2] 是 ( )。
   A. 0   B. 1   C. 2   D. 3

2. 在语句 float array [ ] = {1, 2, 3, 4, 0}; 中, 数组元素 array [2] 是
   ( )。
   A. 2   B. 3   C. 4   D. 0

3. 在语句 int a [ ] [2] = { {1, 2}, {7, 8}, {9, 10}}; 中, a [1] [1] 的值
   是 ( )。
   A. 1   B. 2   C. 7   D. 8

4. 在语句 int a [2] [2] = {4, 5, 6, 7} 中, a [1] [1] 的值是 ( )。
   A. 4   B. 5   C. 6   D. 7

5. 下列给字符数组进行初始化中, 正确的是 ( )。
   A. char a [ ] =" becd"
   B. char b [3] = " abc"
   C. char a [ ] [ ] = {'a', 'b', 'c'}
   D. char a [2] [3] = { " xyz"," efg"}

二、编程题

1. 编写一个程序，输出斐波纳契数列的前 20 项。（数列满足：$a_{n+2} = a_{n+1} + a_n$，$a_0 = 0$，$a_1 = 1$）

2. 编写一程序，对一个包含 10 个成绩的无序成绩进行排序，按降序输出。

3. 已知 $A = \begin{pmatrix} 1 & 2 & 3 \\ 2 & 4 & 6 \\ 3 & 6 & 9 \end{pmatrix}$ $B = \begin{pmatrix} 2 & 4 & 6 \\ 4 & 8 & 12 \\ 1 & 0 & 0 \end{pmatrix}$ 编写一个程序，输出 $A * B$。

三、分析下列程序的运行结果

1. 写出程序的运行结果。

```cpp
#include < iostream.h >
void main( )
{
    int a[2][3] = {{1,3,5},{7,9,11}};
    for(int i = 0;i < 2;i++)
    {
        for(int j = 0;j < 3;j++)
        {
            cout << a[i][j] << " ";
        }
        cout << endl;
    }
}
```

2. 写出程序的运行结果。

```cpp
include < iostream.h >
#
void main( )
{
    int a[3][3] = {{1,2,3},{1,8,6},{9,7,6}};
    int i,j,max;
    for(i = 0;i < 3;i++)
    {
        for(j = 0;j < 3;j++)
        {
            cout << a[i][j] << "  ";
        }
        cout << endl;
    }
    for(i = 0;i < 3;i++)
    {
        max = a[i][0];
        for(j = 0;j < 3;j++)
        {
            if(a[i][j] > max)
            {
                max = a[i][j];
            }
        }
```

```
        cout << "第" << i +1 << "行的最大值是: " << max << endl;
    }
}
```

复 习 题 五

一、填空题

1. 定义数组时，数组名由用户自己定义，但必须是 C++ 的有效_____。

2. 数组下标从 0 开始，长度为_____的数组，下标范围为 $0 \sim (n-1)$。

3. 数组初始化时，初始化的值的个数不能_____数组元素的个数。

4. 存放字符串的数组元素的个数应_____字符串的长度。

5. 使用 string 类，应包含头文件_____。

二、选择题

1. 在下列定义数组的语句中，不正确的是（　　）。

A. int i = 5, int b [i];　　　　　　B. int a [5] = {0, 1};

C. int a [ ] = {1, 2, 3, 4, 5};　D. int a [3 + 6];

2. 下列定义数组的语句中，正确的是（　）。

A. int N = 5; int a [N];　　　　　　B. int a [ ];

C. int a [0...5];　　　　　　　　　D. #define N 5 int a [N];

3. 以下函数的功能是：通过键盘输入数据，为数组中的所有元素赋值。

```
#include < iostream.h >
void fun(int a[10])
{
    int i = 0;
    while(i < 10)
    cin >> _____ ;
}
```

在程序中下画线处应该填入的是（　　）。

A. a + i　　　　　B. a [i]　　　　C. a [i++]　　　　D. a [++i]

4. 下列程序运行后的输出结果是（　　）。

```
#include < iostream.h >
void main( )
{
    int a[3][3] = {0,1,2,0,1,2,0,1,2},i,j,s = 0;
    for(i = 0;i < 3;i++)
    for(j = i; j < = i;j++)
    s + = a[i][a[j][i]];
    cout << s << endl;
}
```

A. 1　　　　　　　B. 3　　　　　　　C. 4　　　　　　　D. 9

5. 下列程序运行后的结果（　　）。

```
#include < iostream.h >
#include < string.h >
void main ( )
{
    char x[ ] = "good";
    cout << sizeof(x) << strlen(x);
}
```

A. 43　　　　　　　B. 54　　　　　　　C. 55　　　　　　　D. 45

三、编程题

1. 用 Eratosthenes（埃拉托色尼）筛选法求出 1000 以内的所有素数，并按每行 10 个输出。Eratosthenes 筛选法的思路是：将某范围的自然数从小到大排列，然后按照以下步骤筛选：

（1）先把 1 删除（1 不是素数也不是合数）；

（2）读取队列中当前最小的数 2，2 是素数，但它的倍数不是素数，把 2 的倍数删除；

（3）读取队列中当前最小的数 3，然后把 3 的倍数删除；

（4）读取队列中当前最小的数 5，然后把 5 的倍数删除；

（5）依此类推，直到在需求的范围内所有的数均删除或读取。

2. 编写一个程序将用户输入的一个 10 进制数转换成 16 进制数。

3. 编写一个程序找出用户所输入数以内的所有完全数，并输出其各因子。

4. 求两个正整数集合的并集。设计一个正整数集合的类 Myset，包括 2 个私有数据成员，int element［max］用于存放集合元素（max 是符号常量，代表 100)），int num 用于存放集合元素的个数；包括 7 个公有成员函数，Myset（ ）用于构造一个空集合，Myset（int a［ ］，int size）用于构造一个包含数组 a 中 size 个元素的集合，bool Ismemberof（int a）用于判断 a 是否为集合中的元素，int GetEnd（ ）用于返回最后一个元素的下标，int GetElement（int i）用于返回下标 i 处的元素，Mysetmerge（Myset &set）用于求当前集合与集合 set 的并集，disp（ ）用于输出集合中的所有元素。当程序运行时，提示用户输入两个集合，一个集合 3 个元素，另一个集合 5 个元素，程序运行后，输出两个集合的并集。

第 6 章　指　　针

6.1　指　针　变　量

6.1.1　变量的地址

存储器是计算机存储数据的部件，存储器可分为内部存储器、外部存储器，内部存储器也称内存。计算机的内存被分为一个个的存储单元，存储单元的编号称为地址。简单来说，内存就是有唯一地址的字节排列。地址编码的最基本的单位是字节（Byte），一个字节由 8 个二进制数据组成，每个字节有一个地址。

在 C++ 中，变量是用来存放数据的内存区域，程序中声明的变量要占据一定的内存空间。例如：字符型占 1 个字节，整型占 4 个字节。变量的地址是指该变量占据的第一个字节的内存地址。

变量是有类型的，变量的类型决定了存放在该变量中数据的类型。变量的地址决定了存放数据的位置，变量的值是存放在变量中的数据。如果找到存放变量的地址，就可以通过这个地址访问存在变量中的数据。不妨假设学生公寓的每间房只住一名学生，知道了学生公寓的房号（地址），就可以找到此房中住的学生（变量的值）。

在 C++ 中，定义了专门用于存放内存单元地址的变量类型，即指针类型。指针用来指示变量、函数和数组等的地址。使用运算符 & 可以取得一个变量的地址，其使用格式为：

& 变量名

[**例 6.1**]　用运算符 & 取得一个整型变量的地址。

```cpp
#include<iostream.h>
void main( )
{
    int a;
    a =1;
    cout << "变量 a 的值为: " << a << endl;
    cout << "变量 a 的地址为: " << &a << endl;
}
```

运行结果

变量 a 的值为: 1
变量 a 的地址为: ox0012FF44

6.1.2 指针变量的声明

指针变量是存放内存地址的变量。指针变量的值是另一个变量在内存中的首地址，此时，我们称该指针指向此变量。

指针要先声明，后使用，声明一个指针变量的形式是：

数据类型 ＊变量名；

其中，"＊"表示声明的是一个指针类型的变量。"数据类型"可以是任意类型，表示指针所指向的对象的类型。例如：

```
int  *p;
```

上例声明了一个指向 int 型数的指针变量，用来存放 int 型数据的地址。也可以说，p 是一指向整数的指针变量，p 的值是一个变量的地址，＊p 的值是储存在地址内的一个整数。

指针变量的初始化有两种形式。

（1）声明之后可以进行初始化赋值

```
int x;
int *p;
p = &x;     //取 x 的地址赋给 p
```

（2）声明的同时可以进行初始化赋值

```
int x;
int *p = &x;     //取 x 的地址赋给指针变量 p
```

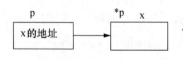

图 6-1   ＊p 与 x 的关系

"＊"称为指针运算符，表示指针所指向的指针变量的值，是一个一元操作符。

＊p 表示 int 型指针 p 所指向的 int 型数据的值，此时＊p 与 x 相同（如图 6-1 所示）。

注意： 当"＊"出现在声明语句中，在被声明的变量之前时，表示声明的是指针。例如：

```
int *p;     //声明 p 是一个 int 型的指针变量
```

当"＊"出现在执行语句中时，表示指针所指向的变量。

[**例** 6.2]   指针变量的初始化。

```
#include <iostream.h>
void main( )
{
    int a;
    int *p = &a;
    a = 3;
    cout << "a = " << *p << endl;
    cout << "a = " << a << endl;
    *p = 5;
    cout << "a = " << a << endl;
```

```
    cout << "a = " << * p << endl;
}
```

```
a = 3
a = 3
a = 5
a = 5
```

[例 6.3]　输入两个数，并输出较小的数。

```
#include <iostream.h>
void main( )
{
    int a,b, * x, * y;
    cout << "输入两个整数：";
    cin >> a >> b;
    x = &a;          //把变量 a 的地址赋给指针变量 x
    y = &b;
    if(a > b)
    {
        x = &b;
        y = &a;
    }
    cout << "较小的数为：" << * x << endl;
}
```

```
输入两个整数：5    6
较小的数为：5
```

6.2　指针变量与数组

6.2.1　指针的运算

指针是一种数据类型。指针变量的运算主要包括：赋值运算、算术运算和关系运算。下面主要介绍算术运算，其格式为：

数据类型　 * p;

p + n 所代表的地址是 p + n * 类型所占的字节数。

p - n 所代表的地址是 p - n * 类型所占的字节数。

图6-2给出了指针加减运算的简单示意。

p++ 和 ++p 相当于 p + 1，p −− 和 −− p 相当于 p − 1。增 1 和减 1 运算与 * 运算作用于指针 p 时的运算顺序如下所示：

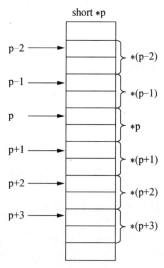

```
*p++;//等价于 * (p++);
*++p; //等价于 * (++p);
++*p; //等价于 ++ (*p);
```

注意：（ * p ） ++ 与 * （p ++ ） 不同。

```
++ (*p);        //将 P 所指变量的值加 1
* (p++);        //先取 *p 的值,后使 p 加 1
* (++p);        //先使 p 加 1,再取 *p
(*p) ++ ;       //p 所指变量加 1
* (−−p);        //先使 p 减 1,再取 *p
```

图6-2　指针加减运算的简单示意图

6.2.2　用指针变量访问数组元素

数组名就是数组在内存中存储的首地址，把数组名的值赋给一个指针变量，就可以通过该指针来操作数组中的各元素。

例如：

```
int a[10];      //定义 a 为包含 10 个整型数据的数组
int *p;         //p 为指向整型变量的指针变量
p = a;          //把数组 a 的首地址赋给指针变量 p
p = &a[0];      //把数组 a 的首地址赋给指针变量 p
* (p + 3)与 a[3]等价;
*p 与 a[0]等价;
* (p + i)与 a[i]等价;
* (a + i)与 a[i]等价.
```

[例6.4]　用指针变量访问数组元素。

```cpp
#include < iostream.h >
void main( )
{
    int a[5];
    int i,total = 0;
    int *p = a;      //声明一个指向整型数组的指针
    for(i = 0;i < 5;i++)
    {
        cout << "请输入第" << i + 1 << "个数: ";
        cin >> * (p + i);      //从键盘取得各组元素
    }
    for(i = 0;i < 5;i++)
      total = total + * (p + i);
    cout << "总和为: " << total << endl;
}
```

运行结果

请输入第 1 个数：0
请输入第 2 个数：1
请输入第 3 个数：2
请输入第 4 个数：3
请输入第 5 个数：4
总和为：10

[**例 6.5**]　指出程序的运行结果。

```
#include < iostream.h >
void main( )
{
    int a[5] = {1,2,3,4,5};
    int *p;
    p = &a[0];      //将 a[0]的地址赋给指针变量 P
    cout << "a[0]的值为：" << *p << endl;
    cout << "a[1]的值为：" << * (p + 1) << endl;
    cout << "a[2]的值为：" << * (a + 2) << endl;
    cout << "a[3]的值为：" << a[3] << endl;
}
```

运行结果

a[0]的值为：1
a[1]的值为：2
a[2]的值为：3
a[3]的值为：4

[**例 6.6**]　求已知数组中的最大数。

```
#include < iostream.h >
void main( )
{
  int a[5] = {10,3,20,4,6};
  int *p,i;
  p = a;      //将数组 a 的地址赋给指针变量 p
  for(i = 1;i < 5;i++ )
  {
        if(a[i] > * p)
        {
          p = &a[i];    //将值较大的数的地址赋给 p
        }
  }
      cout << "数组 a 中的最大值为：" << * p << endl;
}
```

运行结果

数组 a 中的最大值为：20

6.2.3 指针数组

如果数组的每个元素都是指针变量，则该数组称为指针数组。

一维指针数组的声明形式为：

类型名 ＊数组名[下标表达式];

二维指针数组的声明形式为：

类型名 ＊数组名[下标表达式1][下标表达式2];

其中，下标表达式表示数组元素的个数；类型名确定每个元素指针的类型，数组名是指针数组的名称。

例如：

```
float *b[3];        //数组 b 的每个元素都是浮点型指针变量
int *a[2][3];       //数组 a 的每个元素都是整型指针变量
```

因为指针数组的每个元素都是一个指针，必须先赋值，后引用，因此，声明数组之后，应对指针元素赋初值。

[例6.7]　用指针数组输出已知三阶矩阵。

```
#include <iostream.h>
void main()
{
  int a1[ ] = {1,2,3};      //矩阵第一行
  int a2[ ] = {3,4,5};      //矩阵第二行
  int a3[ ] = {7,8,9};      //矩阵第三行
  int *p[3];                //声明整型指针数组
  p[0] = a1;                //初始化指针数组元素
  p[1] = a2;
  p[2] = a3;
  cout << "矩阵为: " << endl;
  for(int i = 0;i < 3;i++)   //对指针数组元素循环
  {
      for(int j = 0;j < 3;j++)     //对矩阵每一行循环
          cout << p[i][j] << " ";
      cout << endl;
  }
}
```

运行结果

矩阵为:

```
1  2  3
3  4  5
7  8  9
```

6.2.4　指向数组的指针

如果一个指针指向一个数组，则称该指针为指向数组的指针。这里仅讨论指向一维数组的指针。

指向数组的指针的声明形式为：

类型名(＊指针变量名)[下标表达式]；

例如：

```
int(*p)[6];      //表示 p 是指向一个含有 6 个整型变量数组的指针变量
int a[2][3];     //二维数组的数组名是该数组的首行地址
int(*p)[3];
p = a;           //p 指向一维数组 a[0]
p++;             //p 指向一维数组 a[1]
```

[例 6.8]　指出程序的运行结果。

```cpp
#include<iostream.h>
void main()
{
    int i;
    int a[2][3]={{1,2,3},{4,5,6}};
    int(*p)[3] =a;   //p 指向数组 a[0]
    int *px;
    px = *p++;        //px 指向 a[0][0]后,p 指向数组 a[1]
    for(i=0;i<3;i++)
        cout << *px++ << " ";
    cout << endl;
    px = *p;
    for(i=0;i<3;i++)
        cout << *px++ << " ";
    cout << endl;
}
```

运行结果

```
1  2  3
4  5  6
```

6.3　指针变量与字符串

如果将字符串的首地址赋给指针变量，则建立了字符串与指针间的联系。通过指针变量可以访问字符串中的每一个字符。

```
char *p = "china";     //将字符串常量的首地址赋给指针变量 p
char a[5] = "good";
char *p;
p = a;     //将字符串的首地址赋给指针变量
```

[例6.9]　将字符串的首地址赋给指针变量，通过指针变量输出字符串。

```
#include <iostream.h>
void main( )
{
    char str[ ] = "good";
    char *p;
    p = str;
    while(*p! = '\0')
        cout << *p++ ; //先显示*p,然后p加1
}
```

运行结果

good

[例6.10]　将已知小写字母转化为大写字母。

```
#include <iostream.h>
void main( )
{
    char a[ ] = "abc";
    char *p;
    for(p = a; *p! = '\0';p++)
    {
        if((*p > = 'a')&&(*p < = 'z'))
            *p = *p - 32;     //将小写字母转换为大写
    }
    p = a;
    cout <<p << endl;     //输出字符串
}
```

运行结果

ABC

[例 6.11]　从键盘输入一个字符串，统计其中大写字母和小写字母的个数。

```cpp
#include<iostream.h>
void main( )
{
char a[50];
char *p;
int m,n;
m=n=0;
cout << "请输入一个字符串(长度小于50,不要包含空格)：";
cin >> a;
for(p=a;*p!='\0';p++)
{
    if((*p>='A')&&(*p<='Z'))
    {
        m++;　//统计大写字母个数
    }
    else
    {
        if ((*p>='a')&&(*p<='z'))
        {
          n++;
        }
    }
}
    cout << "大写字母个数为：" << m << endl;
    cout << "小写字母个数为：" << n << endl;
}
```

运行结果

```
请输入一个字符串(长度小于50,不要包含空格)：LongTimeNoSee
大写字母个数为：4
小写字母个数为：9
```

6.4　指针变量作为函数参数

函数的参数可以是基本数据类型的变量、数组名、函数名或对象名，也可以是指针变量。如果以指针变量作为形参，在调用时，实参将值传给形参，实参和形参指针变量同时指向同一个内存地址。此时，在子函数运行过程中，对形参指针变量值的改变，同时会影响实参指针所指向的变量的值。

[例 6.12]　输入一个浮点数，分别输出其整数部分和小数部分。

```cpp
#include<iostream.h>
void sf(float x, int *intpart, float *fracpart)
//形参 inypsrt、fracpart 是指针变量
{
```

```
        * intpart = int(x);      //取x 的整数部分
        * fracpart = x - * intpart;  //取 x 的小数部分
    }
    void main( )
    {
        int a;
        float x,b;
        cout << "请输入一个浮点数: " << endl;
        cin >> x;
        sf(x,&a,&b);      //变量地址作为实参
        cout << "整数部分: " << a << endl;
        cout <<  "小数部分: " << b << endl;
    }
```

运行结果

```
请输入一个浮点数:
6.9
整数部分:6
小数部分:0.9
```

程序解析

子函数的指针变量 intpart 的值就是主函数 int 型变量 a 的地址，子函数中改变 * intpart 的值，也就会改变主函数中变量 a 的值。

6.5 指向函数的指针变量和返回指针的函数

6.5.1 指向函数的指针变量

指针变量可以指向函数。函数在编译时被分配给一个入口地址，此地址就是函数的地址。函数名就表示函数的代码在内存中的起始地址。

指向函数的指针变量存放函数的入口地址。函数名与指向函数的指针变量的值等价，可以用指向函数的指针变量来调用函数。

指向函数的指针变量的声明形式为：

数据类型（* 函数指针变量名）(形参表);

其中，数据类型说明函数返回值的类型，形参表表示该指针所指函数的形参类型和个数。

函数指针变量在使用之前要赋值，初始化的形式为：

函数指针 变量名 = 函数名;

其中，函数名所表示的函数必须声明，而且和函数指针变量有相同返回类型。

```
int max(int a, int b);     //声明一个函数
int(*p)(int a, int b);     //声明一个函数指针变量
p = max;     //将函数入口地址赋给 p,p 与 max 作用相同
p(a,b);     //函数指针调用
```

[**例 6.13**]　指向函数的指针变量的应用。

```
#include < iostream.h >
void f(float a);     //声明函数
void(*p)(float);     //声明 void 类型的函数指针变量
int main( )
{
    float x;
    p = f;   //给函数指针变量赋值
    cout << "请输入一个浮点数: " << endl;
    cin >> x;
    p(x);   //用指针变量调用函数
    return 0;
}
void f(float a)
{
    cout << a << "是一个浮点数" << endl;
}
```

运行结果

```
请输入一个浮点数:
6.9
6.9 是一个浮点数
```

6.5.2　返回指针的函数

函数可以将一个地址作为函数的返回值。返回指针的函数指返回一个地址的函数，其声明形式为：

数据类型 * 函数名(形式参数表)
{
　　函数体
}

函数返回一个指针，该指针所指的数据类型由函数返回值的数据类型决定，指向一个已定义的任一类型的数据。不能将在函数内部声明的局部变量的地址作为函数的返回值。

例如：

```
char name[10];
char *getname( ){ return name; }
```

表示返回一个指向字符型的指针，返回一个字符数组的首地址。

6.6　对　象　指　针

对象指针是一种指向对象的指针，声明指向对象的指针变量的形式为：

类名 *指针变量名

通过对象指针变量访问对象的成员的形式为：

对象指针变量名 – >成员名

例如：

```
Point *p;       //声明 Point 类的对象指针变量 p
Point a;        //声明 Point 类的对象 a
p = &a;         //将对象 a 地址赋值给 P
```

指向对象的指针变量不能用数据成员的地址值或成员函数名赋值。指向对象的指针变量可以作为函数的参数，此时，调用函数的实参用对象地址值实现传址调用，可以在被调用函数中改变调用函数的实参值。

[例 6.14]　对象指针的应用。

```cpp
#include < iostream.h >
class A
{
public:
    A(int a,int b)
      { x = a,y = b;}
    A( )
      { x = 0,y = 0 ;}
    void Setxy(int a,int b)
      { x = a,y = b;}
    void copy (A * t);
    void print ( )
      { cout  << x << "," << y << endl;}
private:
    int x,y;
};
void A::copy (A * t)
{
    x = t – >x;
    y = t – >y;
}
void fun( A t1,A * t2);
void main( )
{
    A p(1,2),q, * pq;
    q.copy (&p);
    pq = &q;
    p.print ( );
```

```
    pq－>print( );
    fun(p,&q);
    p.print( );
    pq－>print( );
}
void fun(A t1,A ＊t2)
{
    t1.Setxy (3,4);      //不改变原来的实参值
    t2－>Setxy(7,8);
}
```

运行结果

```
1,2
1,2
1,2
7,8
```

6.7　指向类的成员的指针变量

6.7.1　指向类的数据成员的指针变量

指向类的公有数据成员的指针变量的声明形式为：

数据类型 类名∷＊指针变量名；

对数据成员的指针变量赋值的形式为：

指针变量名＝＆类名∷公有数据成员名；

例如：

```
class A
{
private:
    int a;
public:
    int d;
    A(int b)
    { a＝b;}
    int fun(int c)
    {  return a＋c＋d;}
};
int A∷＊p;   //声明类 A 的数据成员的指针变量 p
p＝&A∷d;     //给指针变量 P 赋值
```

或者，int A∷＊p＝&A∷d;

6.7.2　用指针变量访问数据成员

通过指针变量访问数据成员的形式是：

对象名 . ＊指向类的数据成员指针变量名；

或　**对象指针变量名 － ＞ ＊指向类的数据成员指针变量名；**

例如，

```
A t;                //声明类 A 的对象 t
int A::＊p =&A::d;
t.＊p =3;            //给对象 t 的成员赋值为 3
A ＊p1 =&t;
p1 － ＞ ＊p =3;      //给对象 t 的成员 d 赋值
```

6.7.3　指向类的成员函数的指针变量

指向类的成员函数的指针变量的声明形式为：

数据类型 (类名::＊指向类的成员函数指针变量名) (参数表)；

对数据成员函数的指针变量赋值的形式是：

指针变量名 =类名::成员函数名；

例如：

```
int (A::＊p) (int);  //声明指向类 A 的成员函数指针变量 p
p =A::fun;   //p 指向 fun
```

或者，`int(A::＊p)(int) =A::fun;`

6.7.4　用指针变量调用成员函数

通过指针变量调用成员函数的形式为：

(对象名 . ＊指向类的成员函数的指针变量名) (参数表)；

或　**(对象指针变量名 － ＞ ＊指向类的成员函数的指针变量名) (参数表)；**

例如：

```
A t;
A ＊p =&t;
int(A::＊p1)(int) =A::fun;
(t.＊p1)(3);      //调用对象 t 的函数 fun(3)
(p － ＞ ＊p1)(3);//调用对象 t 的函数 fun(3)
```

［例 6.15］　指出下列程序的运行结果。

```
#include <iostream.h>
class A          //定义类 A
{
private:
    int a;
public:
    int d;
    A(int b)
    { a = b;}
    int fun(int c)
    {
      return a + c + d;
    }
};
void main( )
{
    A t(10);         //声明类 A 的对象 t 并初始化
    int A::*p;       //声明指向数据成员的指针变量 p
    p = &A::d;       //p 指向 d
    t.*p = 5;        //访问 t 中的 d
    int (A::*pfun)(int);//声明指向成员函数 fun( )的指针变量 pfun
    pfun = A::fun;   //pfun 指向 fun( )
    A *p1 = &t;      //p1 指向对象 t
    cout << (p1 -> *pfun)(3) << endl;
}
```

运行结果

18

6.8　对象引用

对象的引用是该对象的别名，对象引用的形式为：

类名 & 引用名 = 初值；

建立对象引用时，要用同类对象进行初始化。

例如，

```
class A
{
    ...
};
A a;
&b = a;   //b 是 a 的引用
```

此例中，b 是 a 的别名，对 b 的操作也相当于对 a 的操作。

　　C++ 程序常采用引用调用，对象引用主要用来做函数参数和函数返回值，引用调用时不复制实参副本，而是传送地址值。在使用对象引用做函数形参时，调用函数的实参用同类的对象名。

[例 6.16] 指出下列程序的结果。

```cpp
#include < iostream.h >
class sample
{
private:
        int x,y;
public:
    sample( )
    {
        x = 0,y = 0;
    }
    sample(int a,int b)
    {
        x = a,y = b;
    }
    void copy(sample &A)
    {
        x = A.x;y = A.y;
    }
    void add( )
    {
        x++ ;y++ ;
    }
    void disp( )
    {
        cout << "x = " << x << ",y = " << y << endl;
    }
};
void main( )
{
    sample b1(1,2),  b2;  //b1.x = 1,b1.y = 2,b2.x = 0,b2.y = 0
    b1.add( );            //b1.x = 2,b1.y = 3
    b2.copy(b1);          //b2.x = 2,b2.y = 3
    b2.add( );            //b2.x = 3,b2. y = 4
    b2.disp( );           //显示 b2.x,b2.y
}
```

运行结果

x = 3,y = 4

6.9 this 指针

this 指针是所有类中的隐藏数据成员，是指向正在被成员函数操作的对象。this 指针是系统自动生成的指向对象的指针。该指针的作用是使成员函数知道应对哪个对象进行操作，使得对象与该对象的成员函数相互连接在一起。this 指针一般被省略。

例如：

```
class Point
{
private:
    float x,y;
public:
    void Setx(float a);
...
};
void Point::Setx(float a)
{
  x = a;
}
...
```

实际上 Setx（　）函数的形式为：

```
void  Setx(float a)
{
  this – > x = a;
}
```

this 指向调用 Setx（　）函数的对象，通常 this 被省略。

6.10　指向结构的指针变量

声明指向结构变量的指针量的形式为：

struct　结构名　＊指针变量名；

例如：

struct　student　＊p；　　　//p 是指向结构 student 的指针变量

p 的值为结构变量的地址。

```
student a;
 *p = &a;
```

访问指向结构变量的指针变量形式为：

结构指针变量名 – >成员；

或　**（＊结构指针变量名）.成员名；**

6.11　动态内存分配

程序编译时确定变量所占内存的大小。但常常是变量的个数及其所占空间的大小，只能在程序运行中才能确定。因此，我们必须有一种在程序运行中为变量分配内存的方法，这种方法称为动态内存分配。

运算符 new 用于动态分配内存，形式为：

new 类型名；

或　　**new 类型名[初值列表]；**

该语句在程序运行过程中申请分配用于存放类型名所规定的类型的数据内存空间，用初值列表中给出的值进行初始化，当初值列表缺省时，默认为 1。

例如：

```
int *p;   //声明指针变量 p
p = new  int[3]; //申请存放 3 个整数的动态内存
```

当程序运行到上面语句时，new 将分配一段内存区域，用以存放 3 个 int 型的数据。同时，将该段内存的首地址返回给 p，在程序运行中，不再需要由 new 分配的内存时，应将所分配的内存释放，节省内存资源。释放内存的形式为：

delete 指针变量名；

如果被删除的是对象，则将调用该对象的析构函数。

[例 6.17] 指出下列程序的运行结果。

```
#include <iostream.h>
void main()
{
    float *p;
    p = new float[5]; //申请能存放 5 个浮点型变量的内存区域,p 指向首址
    *p = 0.2;
    cout << "float value is " << *p;
    delete p; //释放动态分配的内存
}
```

运行结果

```
float value is 0.2
```

[例 6.18] 动态创建对象。

```
#include <iostream.h>
class point
{
public:
    point()
      {
        x = y = 0;
        cout << "已调用默认构造函数" << endl;
      }
    point(int a, int b)
```

```
    {
        x = a;y = b;
        cout << "已调用有形参的构造函数" << endl;
    }
    ~point( )
    { cout << "析构函数被调用" << endl;}
    int Getx( ){return x;}
    int Gety( ){return y;}
private:
    int x,y;
};
void main( )
{
    point *p;
    p = new point(5,10);   //动态创建对象并给出初值,调用有形参的构造函数
    delete p; //删除对象,自动调用析构函数
}
```

运行结果

已调用有形参的构造函数
析构函数被调用

6.12 程 序 举 例

[**例 6.19**] 把一个字符串中的字符按逆序输出。

方法一:

```
#include < iostream.h >
int str(char a[ ]);
void main( )
{
    char s[ ] = "abcde";
    char *p;
    int n = str(s);
    for(p = s + n - 1;p + 1 != s;p --)
        cout << *p;
    cout << endl;
}
int str(char a[ ])
{
    char *p = a;
    int i = 0;
    while (a[i++] != '\0')
        p++;
    return p - a;
}
```

运行结果

```
edcba
```

方法二：

```
#include < iostream.h >
#include < string.h >
void rev(char * s,char * t)
{
    char c;
    if(s < t)
    {
        c = * s; * s = * t; * t = c;
        rev(++s, --t);
    }
}
void reverse(char * s)
{
    rev(s,s + strlen(s) - 1);
}
void main( )
{
    char str[30];
    cout << "请输入一个字符串: ";
    cin >> str;
    cout << "原字符串为: " << str << endl;
    reverse(str);
    cout << "逆序后为: " << str << endl;
}
```

运行结果

```
请输入一个字符串: abcde
原字符串为: abcde
逆序后为: edcba
```

习　题　六

一、选择题

1. 在 int a = 5，* p = &a；中，* p 的值是（　　　）。

    A. 变量 a 的地址值　　　　　　　　B. 无意义

    C. 变量 p 的地址值　　　　　　　　D. 5

2. 语句 int＊p［3］；表示（　　　）。

    A. 指向 int 型变量的指针

    B. 指向一维数组的指针

    C. p 是一个指针数组名，该数组有 5 个指向 int 型变量的指针元素

    D. 以上均不对

二、编程题

1. 编写一个程序，通过指针变量，访问含有 3 个元素的一维数组，输出数组元素。

2. 编写一个程序，利用指针找出给定数组中的最小元素。

3. 编写一个程序，利用指向数组的指针输出一给定的三阶矩阵。

三、分析下列程序的运行结果

1. 写出程序的运行结果。

```
#include < iostream.h >
void main( )
{
    int a[10] = {1,2,3,4,5,6,7,8,9,10};
    int *p, i;
    p = a;
    for(i = 0;i < 10;i++)
    {
        cout << *p << " ";
        p++ ;
    }
}
```

2. 写出程序的运行结果。

```
#include < iostream.h >
int a[ ][3] = {1,2,3,4,5,6};
void main( )
{
    int *p = &a[1][2];
    for(int i = 6;i > 0;i --)
    cout << *p -- << ", ";
}
```

3. 写出程序的运行结果。

```
#include < iostream.h >
int a[3][4] = {2,3,4,5,6,7,8,9,10,11,12,13};
void main( )
{
    int (*p)[4];
    p = a +1;
    cout << p[0][0] << ", " << * (* (p +1) +2) << ", " << * (* (p -1) +3);
}
```

4. 写出程序的运行结果。

```
#include < iostream.h >
class sample
```

```
{
    int x;
public:
    void setx(int i){x = i;}
    int putx( ){return x;}
};
void main( )
{
    sample *p;
    sample A[3];
    A[0].setx(3);
    A[1].setx(4);
    A[2].setx(5);
    for(int j = 0;j < 3;j++)
    {
        p = &A[j];
        cout << p -> putx( ) << " ";
    }
    cout << endl;
}
```

复 习 题 六

一、填空题

1. 指针所存储的信息是变量在内存中的_____。

2. 定义 int a ［2］［3］；则用指针方式表示 a ［i］［j］（i = 0，1；j = 0，1，2）的等价形式分别有_____、_____、_____、_____等形式。

3. 指针数组的每个元素都是_____。

4. 指向对象的指针变量用对象的_____赋值。

5. this 指针是系统自动生成的指向正在被成员函数操作的_____的指针。

6. 运算符 new 用于动态分配_____。

二、选择题

1. 下列程序的运行结果是（　　　）。

```
# include < iostream.h >
void main ( )
{
    char s[ ] = "abcd";
    cout << * (s + 3) << endl;
}
```

A. abcd   B. d 的 ASCII 码值

C. c   D. d

2. 下列程序的运行结果是（　　　）。

```
#include < iostream.h >
```

```
void f(int *p);
void main ( )
{
    int a[5] = {1,3,5,7,9}, *q = a;
    f(q);
    cout << *q;
}
void f( int *p)
{ p = p +2 ; cout << *p;}
```

A. 15　　　　　　B. 55　　　　　C. 31　　　　　D. 51

3. 下列语句中，正确的是（　　）。

A. char * p；p = " good"；　　　　B. char a［5］；a = " good"；

C. char a［5］；a = ｛" good"｝；　　D. char * p；p = ｛" good" ｝；

4. 若有定义 int （*p）［5］；，则下列说法正确的是（　　）。

A. 定义了类型为 int 的 5 个指针变量

B. 定义了类型为 int 的具有 5 个元素的指针数组 p

C. 定义了一个名为 *p，具有 5 个元素的整型数组

D. 定义了一个名为 p 的指针变量，它可以指向每行有 5 个整数元素的二维数组

5. 有以下定义和语句

```
char s1[10] = "good!", * s2 = "ab12 \ ";
cout << strlen(s1) << strlen(s2);
```

则输出的结果是（　　）。

A. 56　　　　　　B. 55　　　　　C. 67　　　　　D. 45

6. 若有定义语句：int a［3］［5］，*p，*q［3］；且 0 = <i <3，则错误的赋值是（　　）。

A. p = a　　　　　　　　　　B. q［i］ = a［i］

C. p = a［i］　　　　　　　　D. p = &a［1］［1］

7. 下列程序的运行结果是（　　）。

```
#include <iostream.h>
void fun(int *a,int *b)
{
    int *c;
    c =a;a =b;b = c;
}
void main( )
{
    int x =2,y =6,*p =&x, *q =&y;
    fun(p,q);
    cout << *p << *q;
    fun(&x,&y);
    cout << *p << *q <<endl;
}
```

A. 2662　　　　　B. 6262　　　　C. 2626　　　　D. 6226

8. 下列程序的运行结果是（　　　）。

```
#include < iostream.h >
void fun(int *p,int * q);
void main( )
{
    int a = 3,b = 5,* r = &a;
    fun(r,&b);
    cout << a << "," << b << endl;
}
void fun (int *p,int * q)
{
    p = p +1;
    *q = *q +1;
}
```

  A. 3, 6   B. 4, 6   C. 3, 7   D. 3, 5

三、编程题

1. 编写一个程序，找出 0/1 字符串中 1 连续出现的最大次数。编写函数 max（char *s, int * m），参数 s 为 0/1 字符串的首地址，参数 m 是记录字符 1 当前连续出现的次数的指针，实现计算字符 1 连续出现的最大次数。主函数调用函数 max（　），程序运行时，提示用户输入一个 0/1 字符串，运行结果为 1 连续出现的最大次数。

2. 编写一个程序，输入用户的姓名和电话号码，按姓名的词典顺序排列后，输出用户的姓名和电话号码。

设计一个类 person，包含 char name［50］、char num［50］两个数据成员，用于存放用户的姓名和电话号码，以及 void setname（　）、void setnum（　）、char * getname（　）和 char * getnum（　）等 4 个成员函数，它们分别用于设置姓名、设置电话号码、返回姓名和电话号码。设计一个类 compute，包含一个私有数据成员，即 person 类的对象数组 pn［　］，三个公有成员函数 getdata（　）、getsort（　）、outdata（　），它们分别用于获取数据、按姓名的词典顺序排序和输出数据。

3. 编写一个程序，实现人员信息按姓名或年龄进行排序。

设计日期类 Date，包含 int year、month、day 三个数据成员，成员函数 int getYear（　）const、int getMonth（　）const、int getDay（　）const 分别用于获取 year、month、day；编写人员信息类 person，包含 char name［15］、Date birthdate 两个数据成员，用于存放用户的姓名和出生日期，成员函数 const char * getName（　）const、Date getbirthdate（　）const 分别用于获取姓名和出生日期，int compareName（const person &p）const 用于比较姓名，int compareAge（const person &p）const 用于比较年龄，void show（　）用于输出数据；编写函数 void sortByName（person ps［　］，int n）、void sortByAge（person ps［　］，int n），分别用于按姓名、年龄进行排序；用 3 个人员信息初始化 person 类的对象数组，程序运行后，可分别选择按姓名或年龄进行排序，输出信息。

第7章 继承与派生

7.1 继承和派生的概念

C++中的类封装了数据和方法。类有自己的属性和行为,当一个类拥有另一个类的所有属性和行为时,就称这两个类之间具有继承关系。被继承的类称为基类或父类,继承了基类所有属性和行为的类称为派生类或子类。基类与派生类具有继承关系,派生类继承了基类。

如图7-1所示,面向对象的继承关系符合人们的日常思维模式。交通工具是一个基类,交通工具分为火车类、汽车类、轮船类、飞机类;轮船类又可分为客轮和油轮等,这些新类是从基类中派生出来的。

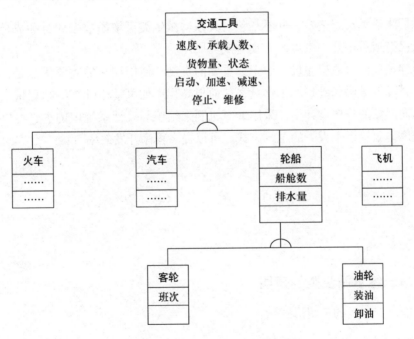

图 7-1 交通工具类与派生类

交通工具类是火车类、汽车类、轮船类和飞机类的基类,它是所有交通工具的公共属性和行为的集合。属性包括速度、承载人数、载货量、所处状态等,行为包括启动、加速、减速、停止、维修等。将交通工具具体化,就分别派生出四个派生类,这些派生类一方面继承了基类交通工具的所有属性和行为,即它们也拥有速度、载货量、启动、加速、减速等数据和操作；另一方面它们又根据自己对原有的父类概念的区别，专门定义了适用于本类特殊需要的特殊属性和行为，如对于轮船类，有船舱数、排水量。轮船类是客轮类、油轮类的基类，客轮类和油轮类是轮船类的派生类。

　　派生类只有一个基类的继承称为单一继承。例如，轮船类有两个派生类：客轮类和油轮类。客轮类单一继承了轮船类，单一继承形成了一个倒挂的树形结构。

　　派生类有两个或两个以上基类的继承称为多重继承。如图 7-2 所示，在客货两用车类中，既继承了客车类的特性，又继承了货车的特性，在客货两用车类有两个基类，这种继承称为多重继承。

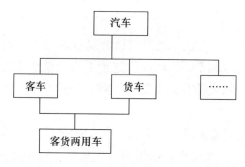

图 7-2　多重继承

　　继承用来表示类属关系，并不是包含关系。派生类可增添数据成员和成员函数，可重新定义已有成员函数，也可改变现有成员属性。

　　继承性是面向对象程序设计中十分重要的机制。使用继承的主要优点是，使得程序结构清晰，降低编码和维护的工作量，从而提高程序的可复用性，给编程带来方便和安全。在面向对象的程序设计中，采用继承机制来组织、设计系统中的类，可以提高程序的抽象程度，更接近于人类的思维方式，可以提高程序开发效率。

7.2　单　一　继　承

7.2.1　单一继承派生类的声明

　　单一继承派生类的声明形式为：

```
class 派生类名:继承方式 基类名
{
     派生类成员声明
};
```

　　其中，派生类名是继承原有类的特性而生成的新类的类名，它是从基类中派生的，并且按指定的继承方式派生的。继承方式是指如何访问从基类继承的成员的规定。继承方式关键字为 public，protected 和 private，分别表示公有继承，保护继承和私有继承。系统默认的继承方式是私有继承，类的继承方式指定了派生类成员以及类外对象对从基类继承来的成员的访问权限。派生类成员是指除了从基类继承下来的所有成员外，新增加的数据成员和成员函数。

例如：

```
class circle
{
public:
      void get ( );
      double length (int r);
      double area (int r);
      void show ( );
};
class A :public circle
{
public:
…
private:
…
};
```

类 circle 是基类，类 A 是派生类，类 A 以公有方式继承了类 circle.

7.2.2　继承方式

继承方式说明派生类函数对基类成员的访问权限，共有三种。

1. 公有继承方式

在公有继承方式下，基类中的公有成员在派生类中也是派生类中的公有成员，基类中的保护成员在派生类中也是派生类的保护成员，基类中的私有成员在派生类中不可访问。

[例 7.1]　定义点类和点类的派生类矩形类，输出矩形的左上角的点和矩形的宽和高。

```
#include < iostream.h >
class Point         //定义基类
{
public:
    void SetX(int a){X = a;}        //设置 X 坐标
    void SetY(int b){Y = b;}        //设置 Y 坐标
    int GetX(void){return X;};
    int GetY(void){return Y;};       //取得 Y 坐标
private:
    int X,Y;          //X,Y 坐标
};
//定义矩形类,矩形的位置和大小由左上角的点和矩形的宽、高决定
class Rect :public Point
{
public:
```

```
        void Setw(int w){width=w;};          //设置宽度
        void Seth(int h){height=h;};         //设置高度
        int Getw(void){return width;};       //取得宽度
        int Geth(void){return height;};      //取得高度
        void GetAll(int &a, int &b, int &w, int &h)   //取得矩形全部参数
        {
            a=GetX( );
            b=GetY( );
            w=width;
            h=height;
        };
    private:
        int width,height;      //宽度与高度
};
void main(void)
{
    int x1,y1,w1,h1;
    Rect R;
    R.SetX(30);  //不能用 R.X=30;因为 Point 的 X 不能被 Rect 所继承
    R.SetY(20);  //不能用 R.Y=20;因为 Point 的 Y 不能被 Rect 所继承
    R.Setw(40);
    R.Seth(30);
    R.GetAll(x1,y1,w1,h1);
    cout << "The parameters of the rectangle is: " << endl;
    cout << "(x,y)  width  height" << endl;
    cout << " (" << x1 << ", " << y1 << ")" << "   " << w1 << "   " << h1 << endl;
    cout << " (" << R.GetX( ) << "," << R.GetY( ) << ")";
    cout << "     " << R.Getw( ) << "   " << R.Geth( ) << endl;
}
```

运行结果

```
The parameters of the rectangle is:
(x,y)  width  height
(30,20) 40   30
(30,20) 40   30
```

程序解析

　　（1）在类 Rect 中，它自己定义的两个数据成员是私有的，它通过公有继承方式继承的类 Point 中的公有成员函数及其自己定义的公有成员函数都是公有的，可以在类的外部对它们进行访问。但对于类 Point 的两个私有成员，派生类 Rect 不可访问。

　　（2）如果在 main( ) 函数中加上语句：

```
cout << R.width << "   " << R.height << endl;
```

编译将出错，因为 main( ) 中的 R 不能访问类 Rect 中的私有成员。同样，

```
cout << R.X << "   " << R.Y << endl;
```

也将编译出错，因为基类 Point 的私有成员不能被派生类所继承。

　　（3）派生类的成员也不能访问基类的私有成员。

例如：

```
void GetAll(int &a, int &b, int &w, int &h);
{
    a = X;      //非法
    b = Y;      //非法
    w = wdth;
    h = height;
};
```

因此，在公有继承方式下，基类的公有成员和保护成员被继承到派生类中仍作为派生类的公有成员和保护成员，派生类的其他成员可以直接访问它们。外部使用者只能通过派生类的对象访问继承来的公有成员，不论是派生类的成员还是派生类的对象都不能访问基类的私有成员。由此可知，派生类的成员函数可访问直接基类中的公有成员和保护成员，也可访问间接基类中的公有成员和保护成员；派生类的对象只能访问直接基类中的公有成员和间接基类的公有成员。

2. 保护继承方式

在保护继承方式下，基类中公有成员和保护成员在派生类中都是保护成员；基类中的私有成员在派生类中不可访问。

因此，派生类的其他成员可以直接访问从基类继承下来的公有成员和保护成员，但在类外部通过派生类的对象无法访问它们。不论是派生类的成员还是派生类的对象，都无法访问基类的私有成员，同时，派生类的成员函数可访问直接基类和间接基类中的公有成员和保护成员。

例如，保护成员的访问定义

```
class A          //基类 A
{
protected:
    int x;
private:
    int y;
};
class B: protected  A    //保护派生
{
public:
    void f( );
};
void B::f( );
{
  x = 3;
}
```

对于派生类 B 内的成员函数 f，基类的保护成员是可以访问的，基类的私有成员不可访问。

3. 私有继承方式

在私有继承方式下，基类中的公有成员和保护成员在派生类中都是私有成员；基类中的私有成员在派生类中不可访问。因此，基类中的公有成员和保护成员被继承后作为派生类的私有成员，派生类中的其他成员可直接访问它们，但是在类外部通过派生类的对象无法访问，派生类的成员和派生类的对象无法访问从基类继承的私有成员。

在私有继承方式下，基类的成员都成为派生类的私有成员，如果派生类再往下派生的话，基类的全部成员无法在新的派生类中被访问，基类的成员只能由直接派生类访问，而无法再往下继承。

例如，如果将例 7.1 程序中类 Rect 的定义改为：

```
class Rect:private Point      //派生方式默认时表示私有派生
{
    ...
};
```

则   main （ ） 函数中的语句：

```
R.SetX(30);   //非法,SetX( )为派生类私有成员
```

则   main （ ） 函数中的语句：

```
R.SetY(20);   //非法
```

7.2.3   构造函数

对象在使用之前要先初始化，对派生类的对象初始化需要对该类的数据成员赋初始值。构造派生类的对象时，就要对基类数据成员、内嵌对象的数据成员和新增数据成员进行初始化。

当基类派生派生类时，基类构造函数不能被派生类继承，用一个派生类来创建对象时，先调用其基类的构造函数，然后再调用内嵌对象成员的构造函数，最后才调用派生类自己的构造函数，所以当基类和内嵌对象成员的构造函数有参数时，派生类必须要有相应的构造函数来把函数传递给基类和内嵌对象成员的构造函数。

单一继承派生类的构造函数定义形式为：

派生类名(派生类构造函数参数表):基类名(基类构造函数参数表),内嵌对象名(内嵌对象参数表)
{
    派生类新增成员的初始化语句；
}

派生类通过调用基类的构造函数并向其传递参数来初始化从基类继承下来的对象。

［**例** 7.2］   指出下列程序的运行结果。

```
#include<iostream.h>
#include<string.h>
class computer                      //定义基类
```

```
{
protected:
        char CPU[20];
        int RAM;
        float HD;
        float price;
public:
        computer (char * c_CPU,int c_RAM,float c_HP,float c_price);
                                        //声明构造函数
        void show( ); //声明成员函数 show( )
};
computer::computer (char * c_CPU,int c_RAM,float c_HD, float c_price)
    //定义构造函数
{
    strcpy(CPU, c_CPU);             //调用字符串复制函数 strcpy( )
    RAM = c_RAM;
    HD = c_HD;
    price = c_price;
}
void computer::show( )   //定义成员函数 show( )
{
    cout << "计算机 CPU 为" << CPU << endl;
    cout << "计算机内存为" << RAM << "MB" << endl;
    cout << "计算机硬盘为" << HD << "GB" << endl;
    cout << "计算机价格为" << price << "元" << endl;
}
class A:public computer      //定义派生类
{
private:
        char color[10];
public:
        A(char * c_CPU, int c_RAM,float c_HD,
        float c_price,char * c_color); //声明 A 类的构造函数
        void M_show( );
};
A::A (char * c_CPU,int c_RAM,float c_HD,float c_price,char * c_color)
     :computer(c_CPU,c_RAM,c_HD,c_ price)
    //定义 A 类的构造函数
{
    strcpy(color,c_color);
}
void A::M_show( )      //定义 A 类的成员函数
{
    show( );     //调用基类的 show( )函数
    cout << "A 机颜色为 " << color << endl;
}
void main( )
{
    A a("pentiumIII",128,40,5000, "white");     //声明 A 类的对象 m
    a.M_show( );
}
```

运行结果

计算机 CPU 为 pentiumIII
计算机内存为 128MB
计算机硬盘为 40GB
计算机价格为 5000 元
A 机颜色为 white

程序解析

（1）A 类是由基类 computer 派生来的，它继承了基类所有的成员并添加了私有的数据成员 color 和公有成员函数 m_show( )。基类构造函数含有参数，派生类的构造函数应包含基类构造函数的参数。

（2）字符串复制函数 strcpy( ) 的功能是将一个指定的字符串复制到指定的字符数组或字符指针中，返回值是字符指针，该指针指向复制后的字符串。

函数格式为：

```
char   *strcpy(char s1[ ],char s2[ ])
```

其中，strcpy 是函数名，s1 和 s2 是字符数组名，也可以是字符指针。该函数将字符数组 s2 中的字符串复制到 s1 中，要求字符数组 s1 要有足够大的空间，应能容纳下 s2 中的字符串。复制后，字符数组 s1 中内容被字符数组 s2 中的内容覆盖，字符数组 s2 中的内容保持不变。

7.2.4　析构函数

析构函数和构造函数一样，都不能被派生类继承，因此派生类的析构函数将调用基类的析构函数。执行派生类析构函数的顺序正好相反，先调用派生类的析构函数，再调用内嵌对象类的析构函数，最后调用基类的析构函数。

如果没有定义类的析构函数，系统会自动为每个类都生成一个默认的析构函数。

[例 7.3]　指出下列程序的运行结果。

```
#include <iostream.h>
class A
{
    int a;
public:
    A(int i)
    {
        a = i;
        cout << "Constractor called.Aa = " << a << endl;
    }   //A 的构造函数
    ~A( ){cout << "Destructor called.A" << endl;}   //A 的析构函数
};
class B:public A
{
    int b;
    A mA;
```

```
public:
    B(int i,int j,int k):A(j),mA(i)
    {
        b = k;
        cout << "Constructor called.Bb = " << b << endl;
    }
    ~B( ){cout << "Destructor called.B" << endl;}
};
void main( )
{
    B m(1,2,3);
}
```

运行结果

```
Constructor called.Aa = 2
Constructor called.Aa = 1
Constructor called.Bb = 3
Destructor called.B
Destructor called.A
Destructor called.A
```

7.3　多重继承

7.3.1　多重继承派生类的声明

如果一个派生类具有多个基类，则称这种继承是多重继承。基本上，单一继承的特点和规则多重继承都适应。

多重继承派生类的声明形式为：

class 派生类名:继承方式 基类名1,继承方式 基类名2,...
{
　　派生类成员声明；
};

例如：

```
class A
{
...
};
class B
{
...
};
```

```
class C:public A,public B;
{
...
};
```

其中，C 是派生类，它有 2 个基类 A 和 B，都是公有继承。

7.3.2　构造函数和析构函数

多重继承派生类构造函数的定义形式为：

派生类名(参数表):基类名1(参数表1),...,基类名n(参数表n)
内嵌对象名1(内嵌对象参数表1),...,内嵌对象名m(内嵌对象参数表m)
{
    派生类新增成员的初始化语句;
}

多重继承的构造函数与单一继承的构造函数的区别主要是，多重继承构造函数的初始化表中应包含所有基类的构造函数。多重继承构造函数的调用顺序与单一继承构造函数相同，而多重继承析构函数的执行顺序与构造函数的执行顺序相反。

[例7.4]　指出下列程序的运行结果。

```
#include<iostream.h>
class A1
{
    int a1;       //默认私有成员
public:
  A1(int i){a1=i;cout << "Constructer called.A1 a1 = " << a1 << endl;}
  //A1 的构造函数
  ~A1( ){cout << "Destructor called.A1" << endl;}   //A1 的析构函数
};
class A2      //基类 A2
{
    int a2;
public:
  A2(int j){a2=j;cout << "Constructor called.A2 a2 = " << a2 << endl;}
  ~A2( ){cout << "Destructor called.A2" << endl;}   //A2 的析构函数
};
class A3      //基类 A3
{
    int a3;
public:
  A3(int k)
  {
      a3=k;
      cout << "Constructor called.A3 a3 = " << a3 << endl;
  }      //A3 的构造函数
    ~A3( ){cout << "Destructor called.A3" << endl;}
    //A3 的析构函数
```

```
};
class B:public A1,public A2,public A3      //派生类 B
{
public:
  B(int a,int b,int c,int d,int e):A3(a),mA2(c),
    mA1(d),A2(b),A1(e){ }   //派生类构造函数
  ~B( ){cout << "Destructor called.B" << endl;}
private:
  A1 mA1;
  A2 mA2;
};
void main( )
{
  B m(1,2,3,4,5);
}
```

运行结果

```
Constructor called.A1 a1 = 5
Constructor called.A2 a2 = 2
Constructor called.A3 a3 = 1
Constructor called.A1 a1 = 4
Constructor called.A2 a2 = 3
Destructor called.B
Destructor called.A2
Destructor called.A1
Destructor called.A3
Destructor called.A2
Destructor called.A1
```

7.3.3 多重继承的二义性

在多重继承下，可能会造成对基类中某个成员的访问出现了不唯一的情况，称为对基类成员访问的二义性问题，一般来说，解决二义性问题是通过作用域运算符"::"进行限定的。

[**例7.5**] 指出下列程序的错误。

```
#include < iostream.h >
class A1
{
public:
  void show( )
  { cout << "show A1" << endl;}
};
class A2
{
public:
  void show( )
  {cout << "show A2" << endl;}
};
```

```
class B:public A1,public A2
{
public:
  void f( );
};
void main( )
{
  B b;
  b.show ( );        //出错,产生二义性
  b.A1::show( );    //调用基类 A1 的 show( ) 函数
  b.A2::show( );    //调用基类 A2 的 show( )函数
}
```

在例7.5中，作用域运算符"::"明确指明调用从哪个基类中继承的 show 函数，解决了二义性问题。

7.4　虚　基　类

7.4.1　虚基类的说明

当某类的部分或全部直接基类是从另一个共同基类派生而来时，这些直接基类中从上一级共同基类继承来的成员就拥有相同的名称。在派生类的对象中，这些同名成员在内存中同时拥有多个拷贝，可以使用作用域分辨符来唯一标识并分别访问它们，也可以将共同基类改置为虚基类，这时从不同的路径继承过来的该类成员在内存中只拥有一个拷贝，这样就解决了同名成员的唯一标识问题。

虚基类说明形式为：

virtual 继承方式　基类名

其中，virtual 是虚基类的关键字，虚基类的说明就是在定义派生类时，将关键字 virtual 加在基类名前边。

例如：

```
class A
{
public:
    int a;
};
class B: virtual public A
{
public:
    int b;
};
class C: virtual public A
{
public :
```

```
    int c;
};
class D: public B,public C
{
public:
    int d;
};
D  t;        //声明 D 的对象 t
int x = t.a;     //访问虚基类公有成员
```

此时，表达式 t. B∷a 和 t. C∷a 的值相同。

[例 7.6] 指出下列程序的运行结果。

```
#include < iostream.h >
class A
{
public:
  int a;
  void fun( ){cout << "a = " << a << endl;}
};
class B:virtual public A     //A 为虚基类,派生 B 类
{
public:                      //新增外部接口
  int b;
};
class C:virtual public A     //A 为虚基类,派生 C 类
{
public:
  int c;
};
class D:public B, public C   //派生类 D 声明
{
    int d;
    void f(int i){d = i;}
    void g( ){cout << " d = " << d << endl;}
};
void main( )
{
  D t;    //定义 D 类对象 t
  t.a = 3; //使用直接基类
  t.fun( );
}
```

运行结果

a = 3

程序解析

（1）在 D 类中，通过 B，C 两条派生路径继承来的基类 A 中的成员 a 和 fun（　）只有一份拷贝，在 D 派生类中只有唯一的数据成员 a 和函数成员 fun（　）。

（2）在程序主函数中，创建了一个派生类 D 的对象 t，通过成员名称就可以访问 a 和fun（　）。

7.4.2　虚基类的派生类构造函数

如果虚基类定义有带形参的构造函数，并且没有定义默认形式的构造函数，则在整个继承结构中，直接或间接继承虚基类的所有派生类，都必须在构造函数的成员初始化表中列出对虚基类的初始化。

派生类构造函数的形式为：

派生类构造函数名(参数表)：n 个基类构造函数，m 个内嵌套对象类构造函数，k 个虚基类构造函数
{
　　派生类构造函数的语句；
}

派生类构造函数调用的次序有以下原则：虚基类的构造函数在非虚基类之前调用；若同一层次中包含多个虚基类的构造函数，则按它们说明的次序调用。

为保证对虚基类成员只初始化一次，C++ 规定：只在创建对象的派生类构造函数中调用虚基类构造函数，而派生类的基类构造函数中不再调用虚基类构造函数。

[**例** 7.7]　指出下列程序的运行结果。

```
#include < iostream.h >
class A
{
public:
    int a;
    A(int c){a = c;}   //带形参的构造函数
    void fun( ){cout << "a = " << a << endl;}
};
class B:virtual public A
{
public:
    int b;
    B(int y):A(y){ }
};
class C:virtual public A
{
public:
    C(int h):A(h){ }
    int c;
};
class D:public B,public C
{
public:
```

```
    D(int x,int y,int z):A(x),B(y),C(z){ }
    int d;
};
void main( )
{
    D t(1,2,3);
    t.fun( );
}
```

运行结果

a = 1

程序解析

　　在例 7.7 中，当创建派生类对象时，只有派生类 D 的构造函数会调用虚基类的构造函数，而 D 类的基类 B、C 对虚基类的构造函数不被调用。在定义虚基类的构造函数时，一般情况下只定义不带参数的或带默认参数的构造函数。

7.5　赋值兼容规则

　　赋值兼容规则是指在公有继承下，派生类的对象可作为基类的对象来使用。通过公有继承，基类中的公有成员在派生类中仍然为公有的；基类中的保护成员在派生类中仍为保护的；基类中的私有成员和不可访问成员在派生类中是不可访问的。派生类得到了基类中除构造函数、析构函数之外的所有成员，公有派生类具备了基类的所有功能。

　　赋值兼容规则指出：

- 派生类的对象可以赋值给基类的对象；
- 派生类的对象可以用来初始化基类对象的引用；
- 派生类对象的地址可以赋值给指向基类的指针。

　　例如：

```
class A{…}
A a;
class B:public A
{…}
B b;                    //b 是派生类对象
a = b;                  //合法
b = a;                  //非法
A &t = b;               //合法
A *p = &b;              //合法
```

[例7.8] 指出下列程序的运行结果。

```
#include<iostream.h>
class A
{
public:
   void f( ){cout << "A::f( )"<<endl;}      //公有函数
};
class B:public A            //公有派生类 B 声明
{
public:
   void f( ){cout << "B::f( ) "<<endl;}
                            //对 A 中 f( )进行覆盖
};
class D:public B
{
public:
   void f( ){cout << "D::f( ) "<<endl;}
};                          //对 B 中 f( )进行覆盖
void fun(A *p)              //参数为指向基类对象的指针
{
   p->f( );
}
void main( )
{
  A a;
  B b;
  D d;
  A *p;                     //声明 A 类指针
  p =&a;                    //A 类指针指向 A 类对象
  fun(p);
  p =&b;                    //A 类指针指向 B 类对象
  fun(p);
  p =&d;                    //A 类指针指向 D 类对象
  fun(p);
}
```

运行结果

```
A::f( )
A::f( )
A::f( )
```

程序解析

由运行结果可知，虽然可以将派生类对象的地址赋给基类 A 的指针，但是通过这个基类类型的指针，只能访问从基类继承的成员。

7.6　程　序　举　例

[例7.9]　请设计一个英语成绩管理类 English，一个计算机成绩管理类 computer 和数学成绩管理类 math；另设计一个学生类 student，它是从前三个类派生的。要求程序能够实现输入人数、姓名、成绩，输出姓名、科目、成绩、平均分数等功能。

```cpp
#include < iostream.h >
#include < iomanip.h >
#define max 50
class English
{
    int score[max];
public:
    void getdata(int x,int a){score[a] = x;}
    int display(int a){return score[a];}
};
class computer
{
    int score[max];
public:
    void getdata(int x,int a){score[a] = x;}
    int display(int a){return score[a];}
};
class math
{
    int score[max];
public:
    void getdata(int x,int a){score[a] = x;}
    int display(int a){return score[a];}
};
class student:private English,private computer,private math
{
    char name[max][10];        //声明派生类
    int average[max];
public:
    void getdata(int index)
    {
        int score1,score2,score3;
        for(int i = 0;i < index;i++)
          {
            average[i] = 0;
            cout << "学生姓名：";
            cin >> name[i];
            cout << "英语　计算机　数学成绩：";
            cin >> score1 >> score2 >> score3;
            average[i] + = score1;
            average[i] + = score2;
            average[i] + = score3;
            English::getdata(score1,i);
```

```
                computer::getdata(score2,i);
                math::getdata(score3,i);
                average[i]/=3;
            }
        }
    void display(int index)
    {
        cout << "输出结果: " << endl;
        cout << "   " << " 姓名   英语   计算机   数学   平均分" << endl;
        for(int i=0;i<index;i++)
        {
            cout << setw(10) << name[i] << " ";
            cout << setw(6) << English::display(i) << " ";
            cout << setw(6) << computer::display(i) << " ";
            cout << setw(6) << math::display(i) << " ";
            cout << setw(6) << average[i] << endl;
        }
        cout << endl;
    }
};
void main( )
{
    student A;
    int n;
    cout << "学生人数: ";
    cin >> n;
    A.getdata(n);
    A.display(n);
}
```

运行结果

```
学生人数: 3
学生姓名: zheng
英语   计算机   数学成绩: 85  90  95
学生姓名: Li
英语 计算机 数学成绩: 90  80  70
学生姓名: Ma
英语 计算机 数学成绩: 70  80  90
输出结果:
   姓名    英语    计算机    数学    平均分
  Zheng    85     90      95      90
     Li    90     80      70      80
     Ma    70     80      90      80
```

习　题　七

一、选择题

1. 下列对派生类的描述中，错误的是（　　）。

　　A. 一个派生类可以作为另一个派生类的基类

　　B. 派生类至少有一个基类

　　C. 派生类的成员除了它自己的成员外，还包含了它的基类的成员

　　D. 派生类中继承的基类成员的访问权限在派生类中保持不变

2. 派生类的对象可以访问基类中的成员是（　　）。

　　A. 公有继承的公有成员

　　B. 公有继承的私有成员

　　C. 公有继承的保护成员

　　D. 私有继承的公有成员

3. 基类和派生类的关系描述中，错误的是（　　）。

　　A. 派生类是基类的具体化

　　B. 类是基类的子集

　　C. 派生类是基类定义的延续

　　D. 派生类是基类的组合

4. 设置虚基类的目的是（　　）。

　　A. 简化程序

　　B. 消除二义性

　　C. 提高运行效率

　　D. 减少目标代码

二、编程题

1. 编写一个学生和教师数据的输入和显示程序，其中，学生数据有编号、姓名、班号和成绩，教师数据有编号、姓名、职称和部门。要求将编号、姓名输入和显示设计成一个类 person，并作为学生为数据操作类 student 和教师数据操作类 teacher 的基类。

2. 编写一个程序，有一个汽车类 vehicle，它具有一个需要传递参数的构造函数，类中的数据成员有：车轮个数 wheels 和车重 weight 放在保护段中；小车类 car 是它的私有派生类，其中包含载人数 passenger_load；卡车类 truck 是 vehicle 的私有派生类，其中包含载人数 passenger_load 和载重量 payload。每个类都有相关数据的输出方法。

三、分析下列程序的运行结果

1. 写出程序的运行结果。

```cpp
#include <iostream.h>
class A
{
    int a;
public:
    void seta(int x){a = x;}
    void showa( ){cout << a << endl;}
};
class B
{
    int b;
public:
    void setb(int x){b = x;}
    void showb( ){cout << b << endl;}
};
class C:public A,public B
{
private:
    int c;
public:
    void setc(int x, int y, int z)
  {
      c = z;
      seta(x);
      setb(y);
  }
  void showc( ){cout  << c << endl;}
  };
void main( )
{
  C c;
  c.seta(1);
  c.showa( );
  c.setc(3,4,5);
  c.showc( );
}
```

2. 写出程序的运行结果。

```cpp
#include <iostream.h>
class A
{
public:
    A(int i,int j){a = i;b = j;}
    void move(int x, int y)
    {
        a + = x;b + = y;
    }
    void show( )
    {
        cout << " (" << a << "," << b << ")" << endl;
    }
private:
    int a, b;
```

```
};
class B:private  A
{
public:
    B(int i,int j,int k,int l):A(i,j)
    {
        x = k;y = 1;
    }
    void show( )
    {
        cout << x << "," << y << endl;
    }
    void fun( ){move(3,5);}
    void f1( ){A::show( );}
private:
    int x,y;
};
void main( )
{
    A e(1,2);
    e.show( );
    B d(3,4,5,6);
    d.fun( );
    d.show( );
    d.f1( );
}
```

3. 写出程序的运行结果。

```
#include < iostream.h >
class A
{
public:
    A(int i,int j){a = i;b = j;}
    void move(int x, int y)   {a + = x;b + = y;}
    void show( )
    {
        cout << " (" << a << "," << b << ")" << endl;
    }
private:
    int a, b;
};
class B:public A
{
public:
    B(int i,int j,int k,int l):A(i, j),x(k),y(l){ }
    void show( )
    {
        cout << x << "," << y << endl;
    }
    void fun( ){move(3,5);}
    void f1( ){A::show( );}
private:
    int x,y;
```

```
};
void  main( )
{
    A e(1,2);
    e.show( );
    B d(3,4,5,6);
    d.fun( );
    d.A::show( );
    d.B::show( );
    d.f1( );
}
```

4. 写出程序的运行结果。

```
#include < iostream.h >
class X
{
  int a;
public:
  void seta(int x){a = x;}
  void showa( ){cout << "a = " << a << endl;}
};
class Y
{
  int b;
public:
  void setb(int x){b = x;}
  void showb( ){cout << "b = " << b << endl;}
};
class Z:public X, Y
{
  int c;
public:
  void setc(int x,int y){c = x;setb(y);}
  void showc( )
  {
      showa( );
      showb( );
      cout << "c = " << c << endl;
  }
};
void main( )
{
  Z obj;
  obj.seta(5);
  obj.setc(7,9);
  obj.showc( );
  obj.showa( );
}
```

复 习 题 七

一、填空题

1. 一个派生类可以从一个基类派生，也可以从多个基类派生。从一个基类派生的继承称为_____，从多个基类派生的继承称为_____。

2. 无论按哪种继承方式继承，基类的_____成员都不能成为派生的任何成员。

3. 在创建派生类的对象时，系统只执行_____的构造函数，不会自动执行_____的构造函数。

4. 在派生过程中，如果没有显式指定继承方式，系统默认为_____继承。

5. 在派生过程中，基类的_____函数和_____函数不能被继承。

6. 用一个派生类创建对象时，构造函数的调用顺序是_____、_____、_____、_____。

7. 在公有继承下，派生类的对象可以赋值给_____的对象；可以用来初始化基类对象的_____，派生类对象的地址可以赋给指向_____的指针。

二、编程题

1. 编写一个求出租车收费的程序，要求输入起点站、终点站和里程，计费方式是起价 6 元，其中含 3 公里费用，以后每半公里收 0.7 元。

要求设计一个用于设置起点站、终点站的站类 station，一个用于设置路程的类 mile，由这两个类派生出用于计费的收费类 price。程序运行时，提示用户输入起点站、终点站、里程；运行后，输出起点站、终点站、里程和收费价格。

2. 编写一个程序，设计一个类 mystring，包含设置字符串、返回字符串长度及内容等功能。类 editstring 是类 mystring 的派生类，具有编辑功能，在其中设置一个光标，实现在光标处对字符串的插入、替换和删除等功能。

第 8 章 多 态 性

8.1 多态性的概念

多态性是面向对象程序设计的重要特征之一。多态性是指同样的消息被不同类型的对象接收时导致完全不同的行为。消息是指对类的成员函数的调用，不同的行为是指调用了不同的函数。也就是说，多态性是指同一个接口名称实现多种功能。利用多态性，用户只需发送一般形式的消息，对象根据所接受的消息做出相应的操作。

C++ 的多态性可分为两种：一种称为编译多态性，另一种称为运行多态性。

联编是指把一条消息和一个对象的方法相结合的过程。联编也是计算机程序自身彼此关联的过程，在此过程中，把一个标识符名和一个存储地址联系在一起。按照联编进行的不同阶段，联编方法可分为静态联编和动态联编。

在编译连接阶段完成的联编称为静态联编。在编译连接过程中，系统确定一个同名标识符要调用哪一段程序代码。在程序运行阶段完成的联编称为动态联编。在编译连接过程中，系统无法确定的联编问题，要等到程序执行阶段才能确定。静态联编实现编译时的多态，动态联编实现运行时的多态。

本章主要介绍重载和包含两种多态类型。

8.2 运算符重载

8.2.1 运算符重载的规则

运算符重载是对已有的运算符赋赋予多重含义，使运算符能够作用于不同类型的数据产生不同类型的行为，作用于特定类的对象执行特定的功能。

运算符重载的规则如下。

（1）重载运算符限制在 C++ 语言中已有的并允许重载的运算符。C++ 中的运算符除五个运算符 ".、*、::、sizeof、?:" 之外，其他都可重载。

（2）重载之后运算符的优先级和结合性均不改变。这就是说，对运算符重载不改变运算符的优先级和结合性，并且运算符重载时，单目运算符只能重载为单目运算符，双目运算符只能重载为双目运算符。

（3）不能改变运算符运算数的个数。在运算数中，至少有一个操作对象是自定义类型。

（4）重载运算含义必须清楚，不能产生二义性。运算符的重载实质是函数重载。运算符重载一般分两种形式，即重载为类的成员函数和重载为类的友元函数，这两种形式都可访问类中的私有成员。

8.2.2 运算符重载为成员函数

运算符重载为类的成员函数的形式为：

函数类型 operator 运算符(参数表)
{
**   函数体**
}

其中，函数类型指定重载运算符的返回值类型；operator 是定义运算符重载函数的关键字；运算符是要重载的运算符名称；参数表中给出重载运算所需要的参数和类型。一般情况下，当单目运算符采用成员函数形式重载时，操作数由对象的 this 指针给出，不需要参数；双目运算符采用成员函数形式重载时，一个操作数是对象本身的数据，由 this 指针指出。参数表的参数为第二操作数，只需一个参数。总之，当运算符重载为类的成员函数时，除后置"++、--"外，函数的参数个数比原来的操作数个数少一个。

[例 8.1] 指出下列程序的运行结果。

```
#include <iostream.h>
class point
{
private:
    int a,b;
public:
    point ( ){ }
    point (int i, int j){a = i;b = j;}
    void disp( )
    {
        cout << "(" << a << "," << b << ")" << endl;
    }
    point operator + (point &p)      //运算符"+"重载为成员函数
    {
        return point (a +p.a, b +p.b);
    }
};
void main( )
{
    point p1 (1,2),p2 (3,4),p3;
    p3 = p1 +p2;
    p3.disp( );
}
```

运行结果

- -

(4,6)

- -

[**例8.2**]　指出下列程序的运行结果。

```cpp
#include < iostream.h >
class complex    //定义复数类
{
    float real,imag;
public:
    complex(float  x = 0.0, float  y = 0.0){real = x;imag = y;}
    complex operator + (complex &c);
    complex operator - (complex &c);
    complex operator - ( );
    complex operator * (complex &c);
    void show(complex &c);
};
complex complex::operator + (complex &c)    //重载加运算" + "
{
    float r,i;
    r = real + c.real;
    i = imag + c.imag;
    return complex(r,i);
}
complex complex::operator - (complex  &c)  //重载减运算" - "
{
    float r, i;
    r = real - c.real;
    i = imag - c.imag;
    return complex(r,i);
}
complex complex::operator - ( )   //重载取负运算符" - "
{
    float r,i;
    r = - real;
    i = - imag;
    return complex(r, i);
}
complex complex::operator * (complex  &c)
{
    float r,i;
    r = real * c.real - imag * c.imag;
    i = real * c.imag + imag * c.real;
    return complex(r,i);
}
void complex::show(complex &c)   //显示一个复数
{
    if(c.imag < 0)
        cout << c.real << c.imag << 'i' << endl;
    else
```

```
            cout << c.real << '+' << c.imag << "i" << endl;
      }
      void main( )
      {
        complex c1(1,2),c2(2,5),c3;
        c3 = c1 + c2;
        cout << "c1 + c2 = ";
        c3.show(c3);
        c3 = c1 - c2;
        cout << "c1 - c2 = ";
        c3.show(c3);
        c3 = - c1;
        cout << " - c1 = ";
        c3.show(c3);
        c3 = c1 * c2;
        cout << "c1 * c2 = ";
        c3.show(c3);
        cout << endl;
      }
```

运行结果

```
    c1 + c2 = 3 + 7i;
    c1 - c2 = -1 - 3i;
     - c1 = -1 - 2i;
    c1 * c2 = -8 + 9i;
```

程序解析

c1 + c2 中运算符 " + " 是被重载的复数运算的加法运算符，该运算符被系统解释为：c1. operator + （c2）。

其中，c1 是第一个操作数，它是 complex 类的对象；operator + 是该类成员函数名，c2 作为第二个操作数，是该类的对象。

8.2.3 运算符重载为友元函数

运算符重载为友元函数的形式为：

friend 函数类型 operator 运算符(参数表)
```
{
    函数体
}
```

其中，friend 关键字说明该函数为友元函数。重载为友元函数时，友元函数对某个对象的数据进行操作，就必须通过该对象的名称来进行，使用到的参数要进行传递，操作数的个数不会有变化。当双目运算符以友元函数形式重载时，参数表内应有 2 个参数；当单目运算符以友元函数形式重载时，参数表内应有一个参数。在参数表中，形参从左到右的顺序就是运算符操作数的顺序。

[例8.3]　指出下列程序的运行结果。

```cpp
#include <iostream.h>
class complex
{
  float real,imag;
public:
  complex (float x =0.0,float  y =0.0){real =x;imag =y;}
  friend complex operator + (complex &c1,complex&c2);
  friend complex operator - (complex &c1,complex &c2);
  friend complex operator - (complex &c);
  friend complex operator * (complex &c1,complex &c2);
  void show(complex  &c);
};
complex operator + (complex &c1,complex &c2)
{
    float r,i;
    r =c1.real +c2.real;
    i =c1.imag +c2.imag;
    return complex(r,i);
}
complex operator - (complex &c1,complex &c2)
{
    float r,i;
    r =c1.real -c2.real;
    i =c1.imag -c2.imag;
    return complex(r,i);
}
complex operator - (complex  &c)
{
    float r,i;
    r =-c.real;
    i =-c.imag;
    return complex(r,i);
}
complex operator * (complex  &c1,complex  &c2)
{
    float r,i;
    r =c1.real *c2.real -c1.imag *c2.imag;
    i =c1.real *c2.imag +c1.imag *c2.real;
    return complex(r,i);
}
void complex::show(complex &c)      //显示一个复数
{
  if(c.imag <0)
    cout << c.real << c.imag << "i" << endl;
  else
    cout << c.real <<'+'<< c.imag << "i" << endl;
}
void main( )
{
  complex c1 (1,2),c2 (2,5),c3;
  c3 =c1 +c2;
  cout << "c1 +c2 = ";
```

```
        c3.show(c3);
        c3 = c1 - c2;
        cout << "c1 - c2 = ";
        c3.show(c3);
        c3 = -c1;
        cout << " - c1 = ";
        c3.show(c3);
        c3 = c1 * c2;
        cout << "c1 * c2 = ";
        c3.show(c3);
        cout << endl;
    }
```

运行结果

```
    c1 + c2 = 3 + 7i;
    c1 - c2 = -1 -3i;
     - c1 = -1 -2i;
    c1 * c2 = -8 +9i;
```

程序解析

　　对于双目运算符，最好将其定义成友元运算符，这可以避免定义为成员函数带来的错误。例如：

```
3.62 + c2
```

在使用成员函数形式重载加法运算时，上述表达式被解释为：

```
3.62.operator + (c2)   //没有意义
```

在使用友元函数形式重载加法运算时，上述表达式被解释为：

```
operator + (3.62,c2)
```

这是合法的。

8.3　虚　函　数

8.3.1　一般虚函数成员

　　根据赋值兼容规则，派生类对象的地址可用来给指向基类对象的指针赋值。在替代之后，派生类对象就可以作为基类的对象使用，但只能使用从基类继承的成员。也就是说，如果用基类类型的指针指向派生类对象，就可以通过此指针来访问该对象，但只能访问从基类继承来的同名成员。如果需要通过基类类型的指针指向派生类的对象，并访问某个与基类同名的成员，则应在基类中将这个同名函数说明为虚函数。这样，通过基类类型的指针，可以使属于不同派生类的不同对象产生不同的行为，实现运行过程的多态。

虚函数是使用关键字 virtual 来说明的；虚函数必须是类的一个非静态成员函数；基类中说明了的虚函数在它的派生类中与基类中虚函数相同，说明函数一定是虚函数，可省略关键字 virtual，虚函数可以继承。当通过对象访问虚函数时，采用静态联编；当通过对象指针及引用访问虚函数时，才能实现动态联编。

实现为动态联编的条件为：

（1）公有继承；

（2）声明虚函数；

（3）由成员函数来调用或者是通过指针、引用来访问虚函数。

虚函数成员的定义形式为：

virtual 函数类型 函数名(形参表)
{
**　　函数体**
}

虚函数声明只能出现在类声明中的函数原型声明中，在类的声明中使用 virtaul 关键字来限定成员函数。

[**例 8.4**]　指出下列程序的运行结果。

```
#include < iostream.h >
class point
{
    float x, y;
public:
    point(float i =0,float j =0){x = i;y = j;}
    void Setxy(float i,float j){x = i;y = j;}
    void Getxy(float &i,float &j) {i = x;j = y;}
    virtual void show( )
    {
     cout << " (x, y) = ( " << x <<', '<< y << ")," << endl;
    }
};
class circle:public point
{
   float r;
public:
   circle(float a, float b,float i =0):point (a,b){r = i;}
   void SetR (float i){r = i;}
   void Get(float  &i){i = r;}
   virtual void show( )
   {
       float a, b;
       Getxy(a,b);
       cout << " (x,y,r) = ( " << a << ", " << b << ", " << r << ") ";
```

```
    }
};
void main( )
{
  circle c(1,2,3);
  point *p = &c;
  p - >show( );
}
```

运行结果

```
(x,y,r) = (1,2,3)
```

程序解析

如果将 point∷show（ ）和 circle∷show（ ）两个函数前不加关键字 virtual，则程序输出为：(x，y) = (1，2)。一个基类型的指针或引用在调用虚函数时，C++ 对该调用进行动态联编，调用派生类的虚函数。当 show 不是虚函数时，p 对 show 的调用进行静态联编，调用定义 point 类中的 show，即调用 point∷show（ ）。

如果派生类一个函数的声明形式与类中的虚函数完全一致，则即使派生类该函数前没有关键字 virtual，派生类的这个函数仍是虚函数。派生类虚函数为私有成员，不影响动态联编。在公有继承下，通过基类的对象指针或引用调用虚函数，采用动态联编；通过成员函数调用虚函数也采用动态联编，构造函数和析构函数中调用虚函数实现静态联编，因为它们所调用的虚函数是自身的或者是基类中定义的，而不是派生类中重新定义的虚函数。

8.3.2 虚析构函数

当基类中的析构函数被说明为虚析构函数时，它的派生类的析构函数不必用 virtual 关键字说明，而是自动成为虚析构函数。

虚析构函数的声明形式为：

```
virtual ~类名( );
```

析构函数设置为虚函数后，在使用指针、引用时可以动态联编，实现运行时的多态。在公有继承下，析构函数为虚析构函数时，运算符 delete 隐含着对析构函数的调用。使用基类类型的指针能够调用适当的析构函数，针对不同的对象进行清理工作。

［例 8.5］ 指出下列程序的输出结果。

```
#include < iostream.h >
class A
{
public:
```

```
   virtual ~A( )
   {cout << "A::~A( ) called" << endl;}
};
class B:public A
{
public:
   B(int i)
   {b = new char[i];}
   ~B( )
   {
      delete[ ]b;
      cout << "B::~B( ) called" << endl;
   }
private:
   char *b;
};
void f(A *a)
{
 delete a;
}
void main( )
{
  B *p = new B(5);
  f(p);
}
```

运行结果

```
B::~B( )called
A::~A( )called
```

程序解析

　　~A（ ）是虚析构函数，派生类的～B（ ）也被自动认为是虚析构函数，在运行时选定析构函数。在执行 f（ ）中的语句"delete a;"时，B 类的对象指针先调用 B 类的析构函数，再调用基类 A 的析构函数.

8.4　纯虚函数和抽象类

　　有一些情况下，基类中的函数无法实现，这时可以将其说明为纯虚函数，这样，在实际调用该函数时，可以进行动态联编，调用某个派生类的相应函数而取得函数的具体操作。

　　纯虚函数是一个在基类中说明的虚函数，它在该类中没有定义具体的操作内容，各派生类可据需要定义。纯虚函数声明格式为：

```
virtual 函数类型 函数名(参数表)=0;
```

纯虚函数没有函数体,而空的虚函数的函数体为空,两者是有区别的。

带有纯虚函数的类是抽象类。抽象类是一种特殊的类,它是为了抽象设计的目的而建立的,它处于继承层次结构的上层。抽象类的主要作用是将有关的派生类组织在一个继承层次结构中,抽象类声明了这些派生类的共同接口。

抽象类只能作为基类,不能建立抽象类对象。但是可以声明一个抽象类的指针和引用。通过指针或引用,可以指向并访问派生类对象,进而访问派生类的成员。

[例8.6]　指出下列程序的运行结果。

```
#include < iostream.h >
class A       //抽象类 A 声明
{
public:
   virtual void disp( )=0; //纯虚函数
};
class B:public A
{
public:
   void disp( )
   {cout << "B::disp( ) called" << endl;}     //虚成员函数
};
class D:public B
{
public:
   void disp( ){cout << "D::disp( ) called" << endl;} //虚成员函数
};
void f(A * ptr)
{
     ptr - >disp( );
}
void main( )
{
  A * P;   //声明抽象类指针
  B b;     //声明派生类对象
  D d;     //声明派生类对象
  P = &b;
  f(P);    //调用派生类 B 函数成员
  P = &d;
  f(P);    //调用派生类 D 函数成员
}
```

运行结果

```
B::disp( ) called
D::disp( ) called
```

8.5 程序举例

[例8.7] 编写一个程序，计算正方体、球体和圆柱体的表面积。

```cpp
#include <iostream.h>
class container    //抽象类
{
protected:
  double radius;
public:
  container(double radius)
  {
      container::radius = radius;
  }
  virtual double surface_area( ) = 0; //纯虚函数
};
class cube:public container   //定义正方体类
{
public:
  cube(double  radius):container(radius){ };
  double surface_area( )
  {
      return radius * radius * 6;
  }
};
class sphere:public container  //定义球体类
{
public:
  sphere(double radius):container(radius){  };
  double surface_area( )
  {
      return 4 * 3.1416 * radius * radius;
  }
};
class cylinder:public container  //定义圆柱体类
{
  double height;
public:
  cylinder (double  radius, double  height):container(radius)
  {
      cylinder::height = height;
  }
  double surface_area( )
  {
      return 2 * 3.1416 * radius * (height + radius);
  }
};
void main( )
{
  container *p;         //定义抽象类指针 P
```

```
cube a(1);              //创建正方体类对象 a
sphere b(10);           //创建球体对象 b
cylinder c(1,10);       //创建圆柱体对象 c
p = &a;                 //指针 p 指向正方体对象 a
cout << "正方体面积: " << p - > surface_area( ) << endl;
p = &b;                 //指针 p 指向球体对象 b
cout << "球体表面积: " << p - > surface_area( ) << endl;
p = &c;                 //指针 p 指向圆柱体对象 c
cout << "圆柱体表面积: " << p - > surface_area( ) << endl;
}
```

运行结果

```
正方体表面积: 6
球体表面积: 1256.64
圆柱体表面积: 69.1152
```

程序解析

本程序抽象出一个公共基类 container 为抽象类，在抽象类中定义求表面积的纯虚函数和公共数据成员 radius，此数据可作为球体的半径、正方体的边长、圆柱体的底面圆半径。由抽象类派生出 3 个类 cube、sphere 和 cylinder。

习 题 八

一、选择题

1. 下列运算符中，不能重载的是（   ）。

    A. ?:   B. +   C. –   D. >

2. 对定义重载函数的下列要求中，下列选项错误的是（   ）。

    A. 要求参数的个数不同   B. 要求参数中至少有一个类型不同

    C. 要求参数个数相同时，参数类型不同   D. 要求函数的返回值不同

3. 下列函数中，不能重载的是（   ）。

    A. 成员函数   B. 非成员函数   C. 析构函数   D. 构造函数

4. 关于动态联编的下列描述中，错误的是（   ）。

    A. 动态联编是以虚函数为基础的

    B. 动态联编是在运行时确定所调用的函数代码的

    C. 动态联编调用函数操作是指向对象的指针或对象引用

    D. 动态联编是在编译时确定操作函数的

5. 如果一个类至少有一个纯虚函数，那么称该类为（   ）。

    A. 抽象类   B. 虚基类   C. 派生类   D. 以上都不对

二、编程题

1. 编写一个程序，计算三角形、正方形和圆形三种图形的面积。定义一个抽象类 A，在其中说明一个虚函数，用来求面积。

2. 编写一个程序，计算在正方体，球体和圆柱体的体积。定义一个抽象类 A，在其中定义求体积的纯虚函数。

三、分析下列程序的运行结果

1. 写出程序的运行结果。

```cpp
#include < iostream.h >
class Point
{
private:
    int x, y;
public:
    Point ( ){   }
    Point (int i, int j) {x = i;y = j;}
    void disp( )
    {
        cout << " (" << x << "," << y << ")" << endl;
    }
    Point operator + (Point   &p)
    {
        return Point (x + p.x, y + p.y);
    }
};
void main( )
{
    Point p1 (2 ,3),p2 (5 ,6),p3 ;
    p3 = p1 + p2 ;
    p3.disp( );
}
```

2. 写出程序的运行结果。

```cpp
#include < iostream.h >
class A
{
private:
    int x;
public:
    A( ){x = 0 ;}
    void disp( )
    {
        cout << "x = " << x << endl;
    }
    void operator++ ( ) {x + = 5 ;}
};
void main( )
{
    A obj;
    obj.disp( );
    obj++ ;
```

```
    cout << "执行 obj++ 之后" << endl;
    obj.disp( );
}
```

3. 写出程序的运行结果。

```cpp
#include < iostream.h >
#include < malloc.h >
class Point
{
    int x, y;
public:
    Point ( ){ };
    Point (int i, int w)
    {
        x = i;y = w;
    }
    void disp ( ){cout << "面积: " << x * y << endl;}
    Point operator, (Point r)
    {
        Point temp;
        temp.x = r.x;
        temp.y = r.y;
        return temp;
    }
    Point operator + (Point r)
    {
        Point temp;
        temp.x = r.x + x;
        temp.y = r.y + y;
        return temp;
    }
};
void main ( )
{
    Point r1 (3,3), r2 (5,8), r3 (2,4);
    r1.disp ( );
    r2.disp ( );
    r3.disp ( );
    r1 = (r1,r2) + (r3,r3);
    r1.disp ( );
}
```

4. 写出程序的运行结果。

```cpp
#include < iostream.h >
const double PI = 3.14159;
class shapes
{
protected:
    int x,y;
public:
    void setvalue (int   d, int w = 0) {x = d;y = w;}
    virtual void disp ( ) = 0;
};
```

```
class square:public  shapes
{
public :
    void disp ( )
    {
        cout << "矩形面积: " << x * y << endl;
    }
};
class circle:public shapes
{
public:
    void disp ( )
    {
        cout << "圆面积: " << PI * x * x << endl;
    }
};
void main ( )
{
    shapes * ptr [2];
    square s1;
    circle c1;
    ptr [0] = &s1;
    ptr [0] − > setvalue (10 ,5);
    ptr [0] − > disp ( );
    ptr [1] = &c1;
    ptr [1] − > setvalue (10);
    ptr [1] − > disp ( );
}
```

5. 写出程序的运行结果。

```
#include < iostream.h >
class A
{
public:
virtual void f1 ( )
    {
      cout << "f1 function of A " << endl;
    }
    virtual void f2 ( )
    {
      cout << "f2 function of A " << endl;
    }
    virtual void f3 ( )
    {
      cout << "f3 function of A " << endl;}
      void f4 ( ){cout << "f4 function of A " << endl;
    }
};
class B:public A
{
    void f1 ( )
    {
        cout << "f1 function of B" << endl;
```

```
        }
        void f2(int x)
        {
            cout << "f2 function of B" << endl;
        }
        void f4( )
        {
            cout << "f4 function of B " << endl;
        }
};
void main( )
{
    A obj1, * p;
    B obj2;
    p = &obj1;
    p - > f1( );
    p - > f2( );
    p - > f3( );
    p = &obj2;
    p - > f1( );
    p - > f2( );
    p - > f4( );
}
```

6. 写出程序的运行结果。

```
#include <iostream.h>
class A
{
public:
    A( )
    {
        cout << "A 类构造函数" << endl;
    }
    virtual ~A( ) = 0;
};
A:: ~A( ){cout << "A 类析构函数" << endl;};
class B:public A
{
public:
    B( )
    {
        cout << "B 类构造函数" << endl;
    }
    ~B( )
    {
        cout << "B 类析构函数" << endl;
    }
};
void main( )
{
    B * p = new B;
    delete p;
}
```

复 习 题 八

一、填空题

1. C++ 的多态性可分为_____多态性和_____多态性。

2. C++ 的联编分为_____联编和_____联编。

3. 在 C++ 中，不能重载的运算符是_____、_____、_____、_____、_____。

4. 纯虚函数没有_____。

5. 运算符重载函数一般采用_____、_____的实现方式。

二、选择题

1. 下列叙述不正确的是（　　）。

   A. 纯虚函数是一种特殊的虚函数

   B. 抽象类用作其他类的基类

   C. 如果在派生类中没有重新定义基类中的纯虚函数，则必须将该虚函数声明为纯虚函数

   D. 带有虚函数的类是抽象类

2. 下列叙述不正确的是（　　）。

   A. 抽象类中可以有多个纯虚函数　　　B. 抽象类可以定义其他非纯虚函数

   C. 纯虚函数的函数体为空　　　　　　D. 析构函数可以是虚函数

3. 下列叙述正确的是（　　）。

   A. 抽象类可以派生出抽象类　　　　　B. 抽象类可以用作参数类型

   C. 可以声明抽象类的对象　　　　　　D. 构造函数可以说明为虚函数

三、编程题

1. 编写程序，重载" + "运算符，实现矩阵的加法运算。

2. 编写程序，要求如下。

（1）设计一个汽车类 vehicle，字符型指针变量 number 为数据成员，指向车牌号，成员函数 const char * getnumber（　）用于返回车牌号，virtual char * category（　）const = 0；用于返回类别，virtuai void show（　）用于显示车牌号和类别。

（2）小车类 car 是它的派生类，数据成员有：载人数 passengerload 和载重量 payload。成员函数 getpassengerload（　）用于返回载人数，getpayload（　）用于返回载重量，* category（　）用于返回小车类别，show（　）用于调用基类的 show（　）函数，输出车牌和品牌，同时输出载人数和载重量。

（3）卡车类 truck 是汽车类 vehicle 的派生类，数据成员、成员函数与小车类 car 相同。

（4）声明一个小车类的对象，当程序运行时，提示用户输入车牌号、载人数、载重量，调用成员函数 show（　），显示输入数据。

第 9 章 输入/输出流和异常处理

9.1 输入/输出流类库的概念

C++语言软件库提供了许多预先编制并经过测试的代码，这就是 C++ 的标准库。标准库是由 C++ 语言编写的类和函数库，它包含标准函数库和标准类库。标准类库中包含有标准 C++ 的 I/O 流类、字符串类、数字类、异常处理类等。

在 C++ 语言中，输入/输出操作由 I/O 流类库提供。流是一个从源端到目标端的抽象概念，C++ 的输入/输出是以字节流的形式实现的。从源端输入字节称为"提取"，而把字节输出到目标端称为"插入"。

C++ 的流类主要以 ios 类和 streambuf 类为基础。ios 类及其派生类用于处理与输入/输出有关的操作，streambuf 类及其派生类用于处理各种与外设相关的操作，管理一个流的缓冲区。ios 类及其派生类的关系如图 9-1 所示。

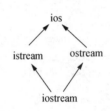

图 9-1　ios 类及其派生类的关系

ios 为 istream 和 ostream 的虚基类，istream 类提供对流的提取操作，ostream 类提供对流的插入操作，iostream 继承 istream 类和 ostream 类，iostream 类库中包含了许多用于处理输入/输出的类。

C++ 语言用头文件 iostream. h 包含了输入/输出流所需的基本信息，iostream. h 头文件中包含有 4 个内置的标准流对象：cin、cout、cerr 和 clog，如表 9-1 所示。

表 9-1　常用的基本输入/输出流对象

对　象	所　属　类	作　用
cin	istream	处理标准输入，即键盘输入
cout	ostream	处理标准输出，即显示器屏幕输出
cerr	ostream	处理出错信息，并直接输出
clog	ostream	处理出错信息，并使用缓冲区输出

重载的左移位运算符（＜＜）表示流的输出，称为插入运算符；重载的右移位运算符（＞＞）表示流的输入，称为提取运算符。

常见的输入/输出流的成员函数如表 9-2 所示。

表 9-2　常见的输入/输出流的成员函数

成 员 函 数	含　义	说　明
get（ ）	从输入流提取单个字符（包括空白符）	调用格式：cin. get（ ）;
getline（ ）	从输入流提取多个字符	调用格式： cin. getline（char ＊, int, Dline ='\ n'）;
put（ ）	输出一个字符	cout. put（'a'）// 将字符 a 显示在屏幕上

其中，get（ ）函数与提取运算符"＞＞"是有区别的，get（ ）函数在读入数据时包括空白字符，而提取运算符不接收空白字符。getline（ ）函数第一个参数是字符型指针或字符数组，用于存放输入的字符；第二个参数是一个整形数，用于限制从输入流中读取的字符个数，能读取的字符数小于第二个参数；第三个参数是字符，设置读取字符串时的结束标志符，默认值是"\ n"。

[例 9.1]　从键盘输入字符串，遇到"＊"结束，并显示结果。

```
#include < iostream.h >
void main( )
{
  char a[20];
  cout << "请输入不超过 20 个字符的字符串,以 * 结束输入!" << endl;
  cin.getline(a,20, '＊');
  cout << a << endl;
}
```

运行结果

```
请输入不超过 20 个字符的字符串,以 * 结束输入!
20jd *
20jd
```

9.2　格式化输入/输出

C++ 的输入/输出流允许对输入/输出操作进行格式化，使用 ios 类的成员函数或使用操作符进行格式控制。

9.2.1　使用 ios 类的成员函数进行格式控制

输入/输出的格式由各种格式状态标志字确定，标志状态字为一个 long int 型变量，它的各位与下面枚举常量的值相对应，该枚举常量在 ios 类的公有部分中被定义为：

```
enum{
```

```
        skipws = ox0001,              //跳过输入中的空白
        left = ox0002,                //左对齐输出
        right = ox0004,               //右对齐输出
        internal = ox0008,            //在符号位和基指示符后填充
        dec = ox0010,                 //十进制格式
        oct = ox0020,                 //八进制格式
        hex = ox0040,                 //十六进制格式
        showbase = ox0080,            //输出标明制式的字符
        showpoint = ox0100,           //浮点输出时带小数点
        uppercase = ox0200,           //十六进制数大写输出
        showpos = ox0400,             //在正整数前显示 +
        scientific = ox0800,          //用科学计数法表示浮点数
        fixed = oxl000,               //用定点形式表示浮点数
        unitbuf = ox2000,             //在插入后刷新流缓冲区
        stdio = ox4000,               //在插入后刷新 stdout 和 stderr
    };
```

ios 定义了几个控制输入/输出格式的成员函数，如表 9-3 所示。

表 9-3　控制输入/输出格式的成员函数

函 数 原 型	功　　能
long flag（ ）	返回当前标志字
long flags（long）	设置标志字的值，返回当前标志字
long setf（long）	设置指定的标志位
long unsetf（long）	清除指定的标志位
long（long setbit，long field）	设置标志字的某一位，field 指定要操作的位，setbit 指定该位的值
int ios：：width（ ）	返回当前显示数据的域宽，域宽指显示数据的宽度
int ios：：width（int）	设置当前显示数据的域宽，返回以前设置的域宽
char ios：：fill（ ）	获得当前填充字符，当显示数据域宽大于数据宽度时，空余的部分由填充字符填充
charios：：fill（char）	设置填充字符，返回以前填充字符
int ios：：precision（ ）	返回当前浮点数精度
int ios：：precision（int）	设置浮点数精度，返回以前设置的浮点数精度

说明： 当设置多项标志时，中间用或运算符"｜"分隔。

[**例 9.2**]　指出下列程序的运行结果。

```cpp
#include < iostream.h >
void main( )
{
    cout.width(8);          //只对紧跟它的第一个输出设置域宽
    cout.fill(' * ');
    cout << 5 << 6 << endl;
    cout.setf(ios::left);//输出数据左对齐,字符填充在数据右边
    cout << 5 << endl;
    cout.width(10);
    cout << 5 << endl;
}
```

运行结果

```
    *******56
    5
    5*********
```

9.2.2　使用预定义的操作符进行格式控制

C++ 提供了操作符进行输入/输出格式控制，操作符是一种特殊的函数。不带形参的操作符定义在头文件 iostream. h 中，带形参的操作符则定义在头文件 iomanip. h 中，使用相应的操作符要包含相应的头文件。C++ 进行格式控制的操作符及含义如表9-4 所示。

表9-4　格式控制的操作符及含义

操　作　符	含　义
dec	以十进制形式输入或输出整型数
hex	以十六进制形式输入或输出整型数
oct	以八进制形式输入或输出整型数
setbase（int n）	以 n 所指进制格式输出，n 为 0，8，10，16。n = 0 时为默认进制，即十进制
ws	用于在输入时跳过前导的空白符
endl	插入换行符并刷新流，仅用于输出
ends	插入空字符并刷新流，仅用于输出
flush	刷新
setionsflags（long）	设置由参数指定的标志位
resetionsflags（long）	清除由参数指定的标志位
setfill（int）	设置填充字符
setprecision（int）	设置由参数指定的浮点数精度
setw（int）	设置域宽

[**例9.3**]　指出下列程序的运行结果。

```cpp
#include < iostream.h >
#include < iomanip.h >
void main( )
{
    int a =15;
    float i =3.1415;
    cout << hex << a << endl;   //输出十六进制整数
    cout << setfill('*');
    cout << setw(10) << dec << a << endl;
    cout << setprecision(4) << i << endl;
}
```

运行结果

```
f
********15
3.14
```

9.3　插入符和提取符的重载

为了向流插入和提取自定义类型的数据，可以对预定义的插入符和提取符进行重载。

插入符重载的一般格式如下：

```
ostream&operator << (ostream&stream,class_name&obj)
{
    //重载代码
    return stream;
}
```

注意：第一个参数是 ostream 类对象的一个引用，类引用名 obj 接收待输出的对象，返回值为 ostream 类对象的引用 stream。

提取符重载的一般格式如下：

```
istream&operator >> (istream&stream,class_name&obj)
{
    //重载代码
    return stream;
}
```

注意：第一个参数是 istream 类对象的一个引用，stream 必须是一个输入流。

因为类中的私有数据成员不允许类的使用者直接访问，所以重载运算符函数应该使用友元函数。

[**例 9.4**]　指出下列程序的运行结果。

```
#include < iostream.h >
class coord
{
private:
  int x,y;
public:
  coord(int i = 0,int j = 0)
  friend ostream&operator << (ostream&stream,coord&obj);
  friend istream&operator >> (istream&stream,coord&obj);
};
ostream&operator << (ostream&stream,coord&obj)
{
  stream << obj.x << "," << obj.y << endl;
```

```
 return stream;
}
istream&operator >> (istream&stream,coord&obj)
{
  cout << " Enter x,y value: ";
  stream >> obj.x;
  stream >> obj.y;
  return stream;
}
void main( )
{
  coord a(2,3);
  cout << a;    //输出对象 a 的成员值
  cin >> a;     //输入对象 a 的成员值
  cout << a;    //输出对象 a 的成员值
}
```

运行结果

```
2,3
Enter x,y value:5,6
5,6
```

9.4　文　件　流

C++ 把文件看作字符序列，即字符流。文件可分为文本文件和二进制文件。

fstream. h 头文件包括三个流类：输入文件流类 ifstream、输出文件流类 ofstream 和输入/输出文件流类 fstream。

9.4.1　文件的打开与关闭

1. 使用 open（ ）函数打开文件

open（ ）函数是上述三个流类的成员函数，其原型定义在 fstream. h 中。打开文件应先定义一个流类的对象，然后使用 open（ ）函数打开文件。

open（ ）函数原型为：

```
void open(const unsigned char * ,int mode, int access = filebuf::openprot);
```

open（ ）函数第一个参数用来传递文件名，第二个参数决定文件将如何被打开，这些参数是定义在抽象类中，常用的有：

```
ios::app        //使输出追加到文件尾部
ios::in         //打开一个文件进行读操作
ios::out        //打开一个文件进行写操作
```

```
ios::nocreate        //打开一个已有文件,如果该文件不存在,则打开失败
ios::noreplace       //若文件存在,则导致打开失败
ios::ate             //文件打开时,文件指针位于文件尾
ios::trunc           //如果文件存在,则清除该文件的内容,文件长度压缩为 0
ios::binary          //以二进制方式打开文件
```

access 的值决定文件的类别，它分为下列 5 种情况：

- 0——普通文件；
- 1——只读文件；
- 2——隐含文件；
- 4——系统文件；
- 8——备份文件。

对于类 ifstream，mode 的默认值为 ios::in，access 的默认值为 0；而对于类 ofstream，mode 的默认值为 ios::out，access 的默认值为 0。

例如，用读方式打开一个文本文件 file. txt 的方法如下：

```
fstream A;   //创建对象
A.open("file.txt",ios::in);
```

以输出文本方式打开一个文件的方法如下：

```
ofstream outfile;   //创建对象
outfile.open("file.txt",ios::out);   //打开输出文件
```

以输出二进制数据方式打开一个文件的方法如下：

```
ofstream outfile;   //创建对象
outfile.open("file.txt",ios::out | ios::binary);
```

打开普通的输出文件 file. txt 的方法如下：

```
ofstream out;
out.open("file.txt",ios::out,0);
```

或　`ofstream out.open("file.txt");`

若想实现将数据从数据文件提取到内存区的操作，需要使用 ifstream 类的函数成员 open（ ），将输入文件流与一个特定的存储区域联系起来。

以提取文本数据的方式打开一个文件的方法如下：

```
ifstream in1;   //创建对象
in1.open("file1.txt",ios::in);   //打开文件
```

以提取二进制数据的方式打开一个文件的方法如下：

```
ifstream in2;   //创建对象
in2.open("file2.txt",ios::in | ios::binary);   //打开文件
```

2. 使用 close（ ） 函数关闭文件

函数成员 close（ ） 的作用是关闭一个磁盘文件与输入/输出文件流的联系。使用完一

个文件后，应该把它关闭。close（ ） 函数是流类中的成员函数，它不带参数，不返回值。

调用 close（ ） 函数的格式如下：

流对象名.close( );

例如：

out.close( );   //关闭与流 out 相连接的文件

close（ ） 函数一次只能关闭一个文件，文件使用完后应及时关闭。

9.4.2　文件的读写

文件的读写分文本文件和二进制文件两种情况，在含有文件操作的程序中，必须包含头文件 fstream. h。

对于打开的文件，可以使用输入/输出流的成员函数进行读写操作，这些函数有 get（ ）、put（ ）、read（ ） 和 write（ ） 函数等。对于文本文件，也可以使用运算符 "<<" 与 ">>" 进行读写操作。

read（ ） 函数在 istream 类中定义，其函数原型如下：

istream&read(unsigned char * buf,int n);

其中，第一个参数是一个指针，它指向要读入数据的起始地址；第二个参数是一个整数值，它是要读入的数据的字节（字符）数。

write（ ） 函数在 ostream 类中定义，其函数原型如下：

ostream& write (const unsigned char * buf,int n);

此函数可以从 buf 所指的缓冲区把 n 个字符（字节）写到输出流中。

此外，在文件结束处有一个标志位，记为 EOF（End OF）；采用文件流方式读取文件时，使用成员函数 eof（ ），可以检测到这个结束符，文件结束时其返回值为真。

为了实现 C++ 文件的随机读写操作，输入/输出流类库提供了定位文件读写指针的成员函数。

istream 类定位读指针的成员函数如下：

istream& istream::seekg(**流中位置**);

表示把指针移动到参数所指的绝对位置（相对于文件开始位置的字节数）。

istream& istream::seekg(**偏移量,参照位置**);

表示移动指针到偏移于第二个参数所指位置的一定位置上，偏移量由第一个参数值给出，第二个参数是 ios 类中的一个枚举量：

```
enum seek_dir
{
    beg;     //相对于文件的开始位置
    cur;     //相对于文件指针的当前位置
    end;     //相对于文件尾
};
```

```
istream& istream::tellg( );//返回指针的绝对位置
```

ostream 类对于写指针提供的成员函数如下：

ostream&　ostream::seekp(流中位置)；

表示移动指针到参数所指的绝对位置。

ostream& ostream::seekp(偏移量,参照位置)；

表示移动指针到偏移于第二个参数所指位置的一定位置上，偏移量由第一个参数值给出。

ostream& ostream::tellp( )；　//返回指针的绝对位置

用于读的文件指针必须处于文件头与文件尾之间，用于写的文件指针则可指向文件尾之后。

[例 9.5]　文件复制程序。

```cpp
#include < iostream.h >
#include < fstream.h >
#include < stdlib.h >
void main( )
{
    char c;
    fstream fin,fout;
    fin.open("file1.dat",ios::in);
    if(!fin)
    {
        cout << "It can't open the file1.dat" << endl;
        abort( );      //退出程序函数,定义在 stdlib.h 中
    }
    fout.open("file2.dat",ios::out);
    if(!fout)
    {
        cout << "It can't open the file2.dat" << endl;
        abort( );
    }
    while(!fin.eof( )&&fin.get(c))      //读取文件 file1.dat
    fout.put(c);      //写入文件 file2.dat
    fin.close( );
    fout.close( );
}
```

[例 9.6]　创建一个文本文件，使用运算符"<<"进行写操作。

```cpp
#include < iostream.h >
#include < fstream.h >
#include < stdlib.h >
void main( )
{
    ofstream out("file");   //在当前目录下创建一个名为"file"的文本文件
    if(!out)
    {
        cout << "It can't open the file. " << endl;
        abort( );      //退出程序函数,定义在 stdlib.h 文件中
```

```
    }
    out << "C++ 面向对象程序设计. " << endl;
    out.close( );
}
```

9.5 异 常 处 理

C++ 提供了异常处理机制，处理在程序执行期间可能出现的异常情况。在程序执行过程中，某种操作不能正常结束，异常条件会引发异常。

1. throw 语句

throw 语句无条件抛出异常，其语法形式为：

throw 表达式

2. try...catch 语句

try...catch 语句语法形式为：

```
try
{
    语句
}
catch(异常类型 1 参数 1)
{
    语句
}
...
catch(异常类型 n 参数 n)
{
    语句
}
```

try 子句后面可以跟一个或者多个 catch 子句。如果执行 try 子句中的语句发生了异常，那么程序顺序查找第一个能处理该异常的 catch 子句，并将程序控制转移到 catch 子句执行。

如果异常类型说明是一个省略号（...），则 catch 子句处理任何类型的异常，该 catch 子句放在最后。

[例 9.7] 处理除数为零的异常。

```
#include < iostream.h >
int div(int x,int y)
{
    if(y == 0) throw y;
    return x/y;
}
```

```
void main( )
{
    try
    {
        cout << " 6 /3 = " << div(6,3) <<endl;
        cout << " 6 /0 = " << div(6,0) <<endl;
    }
    catch(int i)
    {
        cout << "exception of dividing zero." <<endl;
    }
}
```

运行结果

```
6 /3 =2
exception of dividing zero.
```

9.6　程序举例

[例9.8]　简单电话簿程序。

```
#include < iostream.h >
#include < fstream.h >
#include < iomanip.h >
static int m =0 ;
int com(char * ,char * );
class Friend
{
    char name[15];
    char tel[15];
public:
    void getdata( )
    {
        cout << "请输入姓名与电话: ";
        cin >> name >> tel;
    }
    void disp( )
    {
        cout << setiosflags(ios::left) << setw(15) << name << setw(15) <<
        tel << endl;
    }
    char * getname( )
    {
        return name;
    }
};
void f1( )
{
```

```
    ofstream output("book.dat");
    Friend a;
    cout << "输入数据: " << endl;
    cout << "朋友人数: ";
    cin >> m;
    for(int i = 0;i < m;i++)
    {
        cout << "第" << i + 1 << "个朋友" << endl;
        a.getdata();
            output.write((char * )&a,sizeof(a));
    }
    output.close();
}
void f2()
{
    ifstream input("book.dat");
    Friend b;
    cout << setiosflags(ios::left) << setw(15) << "姓名" << setw(15)
        << "电话" << endl;
    input.read((char * )&b,sizeof(b));
    while(input)
    {
    b.disp();
    input.read((char * )&b,sizeof(b));
    }
    input.close();
}
void f3()
{
 char sname[15];
 ifstream file("book.dat");
 Friend a;
 file.seekg(0);
 cout << "输入要查询的姓名: ";
 cin >> sname;
 cout << "查询结果: " << endl;
 cout << setw(15) << "姓名" << setw(15) << "电话" << endl;
 file.read((char * )&a,sizeof(a));
 while(file)
 {
        if(com(a.getname(),sname) == 1)
        a.disp();
        file.read((char * )&a,sizeof(a));
 }
 file.close();
}
int com(char a1[ ],char a2[ ])
{
    int i = 0;
    while(a1[i]! = '\0'&&a2[i]! = '\0'&&a1[i] == a2[i])
      i++;
    if(a1[i] == '\0'||a2[i] == '\0')
      return 1;
    else
```

```
        return 0 ;
}
void main ( )
{
 int n;
 do
 {
     cout << "请选择(1:输入  2:显示  3:查询  其他退出):";
     cin >> n;
     switch(n)
     {
       case 1:f1( );break;
       case 2:f2( );break;
       case 3:f3( );break;
     }
  }while(n > =1&&n < =3);
}
```

运行结果

```
请选择(1:输入  2:显示  3:查询其他退出):1
输入数据:
朋友人数:1
第 1 个朋友
请输入姓名与电话:张三
123,456
请选择(1:输入  2:显示  3:查询其他退出):2
姓名电话
张三              123,456
请选择(1:输入  2:显示  3:查询其他退出):
```

习 题 九

一、选择题

1. 下列类中，所有输入/输出流类的基类是 (   )。

   A. ostream   B. ios   C. fstream   D. istream

2. 设置输出宽度的操作符是 (   )。

   A. ends   B. ws   C. setw   D. hex

3. 用于读取一行字符的函数是 (   )。

   A. get ( )   B. put ( )   C. write ( )   D. getline ( )

4. 在进行文件操作的程序中应包含的头文件是 (   )。

   A. fstream. h   B. math. h   C. stdlid. h   D. iostream. h

二、编程题

1. 用 write ( ) 函数向文件 myfile 中写入整数，然后用 read ( ) 函数读取。

2. 重载提取符和插入符，按"年/月/日"表示日期的形式进行输出。

三、分析下列程序的运行结果

1. 写出程序的运行结果。

```cpp
#include <iostream.h>
#include <iomanip.h>
void main()
{
    int i,j;
    for(i =1;i < =9;i++)
    {
        for(j =1;j < =i;j++)
        {
            if(j ==1)
            {
                cout << j <<'*'<< i <<'=';
                cout.setf(ios::left);
                cout << setw(3) << i * j;
            }
            else
            {
                cout << j <<'*'<< i <<'=';
                cout.width(4);
                cout << i * j;
            }
        }
        cout << endl;
    }
}
```

2. 写出程序的运行结果。

```cpp
#include <iostream.h>
void main()
{
    cout.precision(3);
    cout.width(9);
    cout <<1.414 << endl;
    cout.fill('*');
    cout.width(9);
    cout <<1.414 << endl;
    cout.width(10);
    cout.setf(ios::left);
    cout <<1.414 << endl;
}
```

复 习 题 九

一、填空题

1. 在 C++ 中，输入/输出操作由_____提供。

2. istream 类提供对流的_____操作，ostream 类提供对流的_____操作。

3. iostream. h 头文件包含_____、_____、_____和_____等 4 个内置的标准流对象。

4. fstream. h 头文件包括_____、_____和_____等 3 个流类。

5. put（　）函数把_____写到输出流中。

6. 要使用 setw（int）设置域宽，应在程序中包含_____头文件。

7. 在含有文件操作的程序中，应包含_____头文件。

二、编程题

1. 编写一个程序，统计文件 my. txt 的字符个数、行数。

2. 编写简单电话簿程序。实现输入、显示、查询、添加功能。

第 10 章　面向对象程序设计方法

10.1　程序设计语言的发展

计算机软件是与计算机系统操作有关的程序、规程、规则及任何与之有关的文档及数据。

程序是用程序设计语言描述的、适合于计算机处理的语句序列。计算机程序设计语言是计算机可以识别的语言，用于描述解决问题的方法，供计算机阅读和执行。

目前，用于软件开发的程序设计语言已有数百种之多。根据程序设计语言发展的历程，可以把它们大致分为四类。

1. 机器语言——第一代语言

机器语言是由机器指令组成的语言。用这种语言编写的程序，都是二进制代码的形式。由于程序是针对机器编写的，与人类的自然语言相差较大，机器语言的程序的可读性很差，而且对不同的机器有相应的一套机器语言，因此，移植性差。

2. 汇编语言——第二代语言

汇编语言比机器语言直观，它的每一条符号指令与相应的机器指令有对应关系，同时又加了一些诸如宏、符号地址等功能。减少了程序员的工作量，也减少了出错率。

3. 高级程序设计语言——第三代语言

高级程序设计语言从 20 世纪 50 年代开始出现，它们的特点是用途广泛，具有大量的软件库。典型的高级程序设计语言有 ALGOL、FORTRAN、COBOL、BASIC、PASCAL、C、Ada、PAL、C++、Java 等。

4. 第四代语言

第四代语言（4GL）将语言的抽象层次提高到新的高度。第四代语言可分为：查询语言、程序生成器、原型语言、形式化规格说明语言。

10.2　面向过程程序设计

面向过程的语言从完成某一任务或功能的机器转移到问题本身，它致力于用计算机能够理解的逻辑来描述需要解决的问题和解决问题的具体方法、步骤。面向过程的程序设计的核心是数据结构和算法，数据结构描述需要解决的问题，算法则研究如何用高效的方法来组织解决问题的具体过程。

面向过程的程序设计语言主要有 BASIC、FORTRAN、C 等，它们一般与人类的自然语言比较相近，改善了程序的可读性和可维护性，使得程序的移植、推广成为可能。

面向过程的程序设计存在不足，维护困难，可重用性低等问题。

10.3　面向对象程序设计

面向对象程序设计将客观事物看作具有属性和行为的对象，通过抽象找出同一类对象的共同属性和行为，形成类。通过类的继承与多态可以方便地实现代码重用。软件开发人员能够利用人类认识事物所采用的一般思维方法来进行软件开发。

面向对象的程序设计语言主要有 C++ 、Object Pascal、Java 等。

1. 面向对象程序设计方法的特点

（1）抽象
面向对象的软件开发方法的主要特点之一，就是采用了数据抽象的方法来构建程序的类、对象和方法。
（2）封装
封装是指利用抽象数据类型，将数据和基于数据的操作封装在一起。在面向对象的程序设计中，类封装了相关的数据和操作，降低了开发过程的复杂性，它提高了效率和质量，保证了程序中数据的完整性和安全性，同时，类的可重用性大为提高。
（3）继承
继承实际上是存在于两个类之间的一种关系。采用继承的机制来组织、设计系统中的类，可以提高程序的抽象程度，使之接近于人类的思维方式。
使用继承能使程序结构清晰，提高开发效率，降低编码和维护的工作量。
（4）多态
多态的特点大大提高了程序抽象程度和简洁性。

2. 面向对象程序设计方法的优点

（1）可重用性
可重用性就是指一个软件项目中所开发的模块，能够不限于在这个项目中使用，而是可以重复地使用在其他项目中，从而在多个不同的系统中发挥作用。它提高了开发效率、缩短开发周期、降低了开发成本、减少了维护工作量，符合现代大规模软件开发的需求。

（2）可扩展性

可扩展性要求应用软件能够很方便地、容易地进行扩充和修改。使用面向对象技术开发的应用程序，具有较好的可扩展性，使得系统维护的工作量大大减少。

（3）可管理性

面向对象的开发方法采用类作为构建系统的部件，使整个项目的组织更加合理、方便。这种开发方法大大降低了管理、控制的工作量，提高了开发效率。

10.4　综 合 实 训

[例 10.1]　设计一个集合类 set，包括将集合置空、添加元素、判断元素是否在集合中、输出集合以及将集合中元素逆置，另外，还包括一个拷贝构造函数，并使用一些数据进行测试。

```cpp
#include <iostream.h>
#define Max 50
class set
{
public:
    set( ){p = 0;}
    set(set &s);        //对象引用作为参数
    void empty( ){p = 0;}
    int isempty( ){return p == 0;}
    int ismemberof(int n);
    int add(int n);
    void print( );
    void reverse( );
private:
    int elem[Max];
    int p;
};
int set::ismemberof(int n)
{
    for(int i = 0;i < p;i++)
      if(elem[i] == n)
          return 1;
        return 0;
}
int set::add(int n)
{
    if(ismemberof(n))
      return 1;
    else if(p > Max)
      return 0;
    else
    {
      elem[p++] = n;
      return 1;
```

```
    }
}
set::set(set  &s)
{
    p = s.p;
    for(int i = 0;i < p;i++)
    elem[i] = s.elem[i];
}
void set ::print ( )
{
    cout << "{";
    for(int i = 0;i < p - 1;i++)
        cout << elem[i] << ",";
    if(p > 0)
        cout << elem [p - 1];
    cout << "}" << endl;
}
void set ::reverse ( )
{
    int n = p/2;
    for(int i = 0;i < n;i++)
    {
        int temp;
        temp = elem[i];
        elem[i] = elem[p - i - 1];
        elem[p - i - 1] = temp;
    }
}
void main ( )
{
    set A;
    cout << "A 是否为空: ";cout << A.isempty ( ) << endl;
    cout << "A: ";A.print ( );
    set B;
    for(int i = 1;i < = 6;i++)
    B.add(i);
    cout << "B: ";B.print ( );
    cout << "3 是否在 B 中: ";cout << B.ismemberof(3) << endl;
    B.empty ( );
    for(int j = 7;j < 12;j++)
    B.add(j);
    set C(B);
    cout << "C: ";C.print ( );
    C.reverse ( );
    cout << "C 逆置" << endl;
    cout << "C: ";
    C.print ( );
}
```

运行结果

A 是否为空:1
A:{ }

```
B:{1,2,3,4,5,6}
3 是否在 B 中:1
C:{7,8,9,10,11}
C 逆置
C:{11,10,9,8,7}
```

[例 10.2]　编写一个简单的大学生、中学生管理程序。大学生的管理程序包括编号、姓名、性别、班号，英语、高等数学、电子技术三门课程的成绩的输入、输出和计算平均分；中学生的管理程序包括编号、姓名、性别、班号，英语、数学和语文三门课程的成绩的输入、输出和计算平均分。

设计一个 person 类，它包括编号和姓名的输入、输出，从它派生一个 student 类，增加性别和班号的输入、输出，然后从 student 类派生出大学生类 unstudent 和中学生类 mistudent，分别实现大学生、中学生数据的操作，这些类之间存在多重继承关系。

```cpp
#include <iostream.h>
class person
{
protected:
    int no;
    char name[10];
public:
    void getdata()
    {
        cout << "编号        姓名: ";
        cin >> no >> name;
    }
    void dispdata()
    {
        cout << "编号: " << no << "姓名: " << name << endl;
    }
};
class student:public person
{
protected:
    char sex[2];
    char cname[10];
public:
    void getdata()
    {
        person::getdata();
        cout << "性别        班号: ";
        cin >> sex >> cname;
    }
    void dispdata()
    {
        person::dispdata();
        cout << "性别: " << sex << "班号: " << cname << endl;
    }
};
class unstudent:public student
```

```cpp
{
private:
    int deg1;
    int deg2;
    int deg3;
public:
    void getdata( )
    {
            cout << "输入一个大学生数据: " << endl;
            student::getdata( );
            cout << "英语            高等数学        电子技术: ";
            cin >> deg1 >> deg2 >> deg3;
    }
    void dispdata( )
    {
            cout << "输出一个大学生数据: " << endl;
            student::dispdata( );
            cout << "英语: " << deg1 << "高等数学: " << deg2 << endl;
            cout << "电子技术: " << deg3 << "平均分: " << (deg1 + deg2 + deg3)/3 <<
            endl;
    }
};
class mistudent:public student
{
private:
    int deg1;
    int deg2;
    int deg3;
public:
    void getdata( )
    {
            cout << "输入一个中学生数据: " << endl;
            student::getdata( );
            cout << "英语              数学            语文: ";
            cin >> deg1 >> deg2 >> deg3;
    }
    void dispdata( )
    {
            cout << "输出一个中学生数据: " << endl;
            student::dispdata( );
            cout << "英语: " << deg1 << "数学: " << deg2 << endl;
            cout << "语文: " << deg3 << "平均分: " << (deg1 + deg2 + deg3)/3 << endl;
    }
};
void main( )
{
    unstudent u1;
    u1.getdata( );
    mistudent m1;
    m1.getdata( );
    u1.dispdata( );
    m1.dispdata( );
}
```

运行结果

输入一个大学生数据：
编号　　　　　　　姓名:1 Zheng
性别　　　　　　　班号:m 030301
英语　　　　　　　高等数学　　　　　电子技术:78　90　87
输入一个中学生数据：
编号　　　　　　　姓名:2 Chen
性别　　　　　　　班号:f 03002
英语　　　　　　　数学　　　　语文:74　96　70
输出一个大学生数据：
编号:1　　　　　　姓名:Zheng
性别:m　　　　　　班号:030301
英语:78　　　　　　高等数学:90
电子技术:87　　　　平均分:85
输出一个中学生数据：
编号:2　　　　　　姓名:Chen
性别:f　　　　　　班号:030002
英语:74　　　　　　数学:96
语文:70　　　　　　平均分:80

［例 10.3］　编写一个程序实现小型公司的工资管理。

1. 问题的提出

某公司主要有 4 类人员：经理、兼职技术人员、销售员和销售经理。要求存储这些人员的编号、姓名和月工资，计算月工资并显示全部信息。月工资计算办法是：经理拿固定月薪 10 000 元；兼职技术人员按每小时 100 元领取月薪；销售员按该当月销售额的 5% 提成；销售经理既拿固定月工资也领取销售提成，固定月工资为 6 000 元，销售提成为所管辖部门当月销售总额的 0.6%。

2. 类的设计

设计一个基类 employee，其中有 3 个保护数据成员和 3 个公用成员函数。由该类派生出经理、兼职技术人员、销售员和销售经理等 4 个类，其类层次如图 10-1 所示。

图 10-1　类层次结构

3. 源程序及说明

整个程序分为三个独立文档：employee. h 是类定义头文件，empfune. cpp 是类实现文件，e10_3. cpp 是主函数文件。

```cpp
//employee.h
class employee
{
protected:
     int no;
     char name[10];
     float salary;
public:
     employee( );
     void pay( );
     void display( );
};
class technician:public employee
{
private:
     float hourlyrate;
     int workhours;
public:
     technician( );
     void pay( );
     void display( );
};
class salesman:virtual public employee
{
protected:
     float commrate;
     float sales;
public:
     salesman( );
     void pay( );
     void display( );
};
class manager:virtual public employee
{
protected:
     float monthlypay;
public:
     manager( );
     void pay( );
     void display( );
};
class salesmanager:public manager, public salesman
{
public:
     salesmanager( );
     void pay( );
     void display( );
};
```

```cpp
// empfune.cpp
#include <iostream.h>
#include <string.h>
#include "employee.h"
employee::employee( )
{
    cout << "职工编号: ";
    cin >> no;
    cout << "职工姓名: ";
    cin >> name;
    salary = 0;
}
void employee::pay( )
{ }
void employee::display( )
{ }
technician::technician( )
{
    hourlyrate = 100;
}
void technician::pay( )
{
    cout << name << "本月工作时数: ";
    cin >> workhours;
    salary = hourlyrate * workhours;
}
void technician::display( )
{
    cout << "兼职技术人员" << name << " (编号为" << no << ")" << "本月工资: "
         << salary << endl;
}
salesman::salesman( ){commrate = 0.05;}
void salesman::pay( )
{
    cout << name << "本月销售额: ";
    cin >> sales;
    salary = sales * commrate;
}
void salesman::display( )
{
    cout << "销售员" << name << " (编号为" << no << ")" << "本月工资: "
         << salary << endl;
}
manager::manager( ){monthlypay = 10000;}
void manager::pay( ){salary = monthlypay;}
void manager::display( )
{
    cout << "经理" << name << " (编号为" << no << ")" << "本月工资: " << salary << endl;
}
salesmanager:: salesmanager( )
{
    monthlypay = 6000;
    commrate = 0.006;
}
```

```
void salesmanager::pay( )
{
    cout << name << "所管部门月销售量: ";
    cin >> sales;
    salary = monthlypay + commrate * sales;
}
void salesmanager::display( )
{
        cout << "销售经理" << name << " (编号为" << no << ")" << "本月工资: " << salary <<
        endl;
}
// e10_3.cpp
#include < iostream.h >
#include < string.h >
#include "employee.h"
void main( )
{
    manager m1;
    technician t1;
    salesman s1;
    salesmanager sm1;
    m1.pay( );
    m1.display( );
    t1.pay( );
    t1.display( );
    s1.pay( );
    s1.display( );
    sm1.pay( );
    sm1.display( );
}
```

运行结果

职工编号:1
职工姓名:Li
职工编号:2
职工姓名:Zhang
职工编号:3
职工姓名:Wang
职工编号:4
职工姓名:Ma
经理 Li (编号为 1)本月工资:10,000
Zhang 本月工作时数:90
兼职技术人员 Zhang (编号为 2)本月工资:9,000
Wang 本月销售额:200,000
销售员 Wang (编号为 3)本月工资:10,000
Ma 所管部门月销售量:200
销售经理 Ma (编号为 4)本月工资:6,001.2

程序解析

在实际程序设计中，一个源程序一般划分为三个文件，分别为类声明文件（＊.文件）、类实现文件（＊.文件）和类使用文件（＊.主函数文件）。可以对不同的文件进行单独编写、编译，最后再连接。在程序的调试、修改时只对其中某个类的定义和实现进行操作，其余部分不用改动。

10.5　综合应用——图书信息管理系统

10.5.1　系统分析与设计

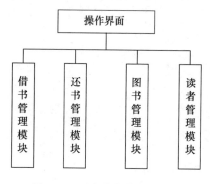

图 10-2　图书信息管理系统结构

图书信息管理系统为图书馆提供图书借阅、基本信息的管理等，能够提高图书馆员的工作效率。

图书信息管理系统能够实现图书信息的添加、修改、删除、查询等基本操作，系统由操作界面、功能模块两部分组成。包括借书管理、还书管理、图书管理、读者管理等 4 个功能模块，如图 10-2 所示。

- 在借书管理模块，可记录借书信息。
- 在还书管理模块，可记录还书信息。
- 在图书管理模块，可进行图书信息的添加、修改、删除等操作，具有查询功能。
- 在读者管理模块，可进行读者信息的添加、修改、删除等操作，具有查询功能。

10.5.2　类设计

系统设计 Reader、RDatabase、Book、BDatabase 等 4 个类，类设计如图 10-3 所示。

Reader	RDatabase
int tag; int no; char name [10] int borbook [Maxbor]	int top; Reader read [Maxr];
Reader ( ); char * getname ( ); int gettag ( ); int getno ( ); voidsetname (char na [ ]); void delbook ( ); void addreader (int n, char * na); voidborrowbook (int bookid); int retbook (intbookid); void disp ( );	RDatabase ( ); void clear ( ); int addreader (intn, char * na); Reader * query (int　readerid); void disp ( ); void readerdata ( );

图 10-3　类设计

图 10-3　类设计（续）

10.5.3　系统源代码

```cpp
#include < iostream.h >
#include < iomanip.h >
#include < string.h >
#include < fstream.h >
#include < process.h >
#include < conio.h >
const int Maxr =5000;
const int Maxb =100000;
const int Maxbor =5;
class Reader
{
    int flag;
    int no;
    char name[10];
    int borbook[Maxbor];
public:
    Reader( ){ }
    char * getname( ){return name;}
    int getflag( ){return flag;}
    int getno( ) {return no;}
    void setname(char na[ ])
    {
        strcpy(name,na);
    }
    void delbook( ){ flag =1;}
    void addreader(int n,char * na)
    {
        flag =0;
        no =n;
        strcpy(name,na);
        for(int i =0;i < Maxbor;i++ )
        borbook[i] =0;
    }

    void borrowbook(int bookid)
```

```
    {
        for(int i = 0;i < Maxbor;i++ )
        {
          if (borbook[i] == 0)
          {
              borbook[i] = bookid;
              break;
          }
        }
    }
    int retbook(int bookid)
    {
        for(int i = 0;i < Maxbor;i++ )
        {
          if(borbook[i] == bookid)
          {
              borbook[i] = 0;
              break;
          }
        }
      return 0;
    }
    void disp( )
    {
        cout << setw(5) << no << setw(10) << name << "借书编号:[";
        for(int i = 0;i < Maxbor;i++ )
        if(borbook[i]! = 0)
        cout << borbook[i] << " | ";
        cout << "]" << endl;
    }
};
class RDatabase
{
    int top;
    Reader read[Maxr];
public:
    RDatabase( )
    {
        Reader s;
        top = -1;
        fstream  file("reader.txt", ios::in);
        while(1)
        {
          file.read((char *)&s,sizeof(s));
          if(!file) break;
          top++ ;
          read[top] = s;
        }
        file.close( );
    }
    void clear( )
    {
        top = -1;
    }
```

```
    int addreader(int n,char * na)
    {
        Reader  * p = query(n);
        if(p == NULL)
        {
            top++ ;
            read[top].addreader(n,na);
            return 1;
        }
        return 0;
    }
    Reader  * query(int readerid)
    {
        for(int i = 0;i < = top;i++)
        if(read[i].getno( ) == readerid &&read[i].getflag( ) == 0)
            return &read[i];
        return NULL;
    }
    void disp( )
    {
        for(int i = 0;i < = top;i++)
        read[i].disp( );
    }
    void readerdata( );
      ~ RDatabase( )
    {
        fstream file("reader.txt",ios::out);
        for(int i = 0;i < = top;i++)
        if(read[i].getflag( ) == 0)
        file.write((char * )&read[i],sizeof(read[i]));
        file.close( );
    }
};
void RDatabase::readerdata( )
{
    int choice = 1;
    char rname[20];
    int readerid;
    Reader * r;
    while (choice! = 0)
    {
        cout << "读者 1:  新增 2:  更改 3:   删除 4:    查找 5:  显示 6:  全删 0:
        退出 = > ";
        cin >> choice;
        switch (choice)
        {
         case 1:
            cout << "输入读者编号: ";
            cin >> readerid;
            cout << "输入读者姓名: ";
            cin >> rname;
            addreader(readerid,rname);
            break;
         case 2:
            cout << "输入读者编号: ";
```

```
                    cin >> readerid;
                    r = query(readerid);
                    if(r == NULL)
                    {
                        cout << "该读者不存在" << endl;
                        break;
                    }
                    cout << "输入新的姓名:";
                    cin >> rname;
                    r - > setname(rname);
                    break;
                case 3:
                    cout << "输入读者编号:";
                    cin >> readerid;
                    r = query(readerid);
                    if(r == NULL)
                    {
                        cout << "该读者不存在" << endl;
                        break;
                    }
                    r - > delbook();
                    break;
                case 4:
                    cout << "输入读者编号:";
                    cin >> readerid;
                    r = query(readerid);
                    if (r == NULL)
                    {
                        cout << "该读者不存在" << endl;
                        break;
                    }
                    r - > disp();
                    break;
                case 5:
                    disp();
                    break;
                case 6:
                    clear();
                    break;
            }
        }
}
class Book
{
        int flag;
        int no;
        char name[20];
        int onshelf;
public:
        Book(){ }
        char * getname(){return name;}
        int getno(){return no;}
        int getflag(){return flag;}
        void setname(char na[ ])
```

```
        {
           strcpy(name,na);
        }
        void delbook( ){flag=1;}
        void addbook(int n,char *na)
        {
          flag=0;
          no=n;
          strcpy(name,na);
          onshelf=1;
        }
        int borrowbook( )

        {
            if(onshelf==1)
            {
               onshelf=0;
               return 1;
            }
            return 0;
        }
        void retbook( )
        {
            onshelf=1;
        }
        void disp( )
        {
            cout << setw(6) << no << setw(18) << name << setw(10) << (onshelf==1? "在
            架" : "已借") << endl;
        }
};
class BDatabase
{
    int top;
    Book book[Maxb];
public:
    BDatabase( )
    {
        Book b;
        top=-1;
        fstream file("book.txt ",ios::in);
        while(1)
        {
            file.read((char *)&b,sizeof(b));
            if(!file) break;
            top++;
            book[top]=b;
        }
        file.close( );
    }
    void clear( )
    {
        top=-1;
    }
```

```
    int addbook(int n,char *na)
    {
        Book *p=query(n);
        if(p==NULL)
        {
            top++;
            book[top].addbook(n,na);
            return 1;
        }
        return 0;
    }
    Book *query(int bookid)
    {
        for(int i=0;i<=top;i++)
        if(book[i].getno()==bookid&&book[i].getflag()==0)
        return &book[i];
        return NULL;
    }
    void bookdata();
    void disp()
    {
        for(int i=0;i<=top;i++)
        if(book[i].getflag()==0)
        book[i].disp();
    }
    ~BDatabase()
    {
        fstream file("book.txt",ios::out);
        for(int i=0;i<=top;i++)
        if(book[i].getflag()==0)
        file.write((char *)&book[i],sizeof(book[i]));
        file.close();
    }
};
void BDatabase::bookdata()
{
    int choice=1;
    char bname[40];
    int bookid;
    Book *b;
    while(choice!=0)
    {
        cout<<"图书1: 新增2: 更改3: 删除4: 查找5: 显示6: 全删0:
        退出=>";
        cin>>choice;
        switch(choice)
        {
        case 1:
            cout<<"输入图书编号:";
            cin>>bookid;
            cout<<"输入图书书名:";
            cin>>bname;
            addbook(bookid,bname);
            break;
        case 2:
```

```
                cout << " 输入图书编号 : ";
                cin >> bookid;
                b = query(bookid);
                if (b == NULL)
                {
                    cout << "该图书不存在" << endl;
                    break;
                }
                cout << " 输入新的书名 : ";
                cin >> bname;
                b - > setname(bname);
                break;
            case 3 :
                cout << " 输入图书编号 : ";
                cin >> bookid;
                b = query(bookid);
                if (b == NULL)
                {
                    cout << "该图书不存在" << endl;
                    break;
                }
                b - > delbook( );
                break;
            case 4 :
                cout << " 输入图书编号 : ";
                cin >> bookid;
                b = query(bookid);
                if (b == NULL)
                {
                    cout << "该图书不存在" << endl;
                    break;
                }
                b - > disp( );
                break;
            case 5 :
                disp( );
                break;
            case 6 :
                clear( );
                break;
        }
    }
}
void main( )
{
    while(1)
    {
        int choice,bookid,readerid;
        RDatabase ReaderDB;
        Reader  * r;
        BDatabase BookDB;
        Book * b;
        system("cls");
        cout << "1:借书" << endl;
```

```cpp
cout << "2:还书" << endl;
cout << "3:图书" << endl;
cout << "4:读者" << endl;
cout << "0:退出" << endl;
cout << "请选择: " << endl;
cin >> choice;
switch(choice)
{
case 0:
    exit(0);
case 1:
    cout << "借书        读者编号: ";
    cin >> readerid;
    cout << "图书编号: ";
    cin >> bookid;
    r = ReaderDB.query(readerid);
    if(r == NULL)
    {
        cout << " 不存在该读者" << endl;
        break;
    }
    b = BookDB.query(bookid);
    if(b == NULL)

    {
        cout << " 不存在该图书" << endl;
        break;
    }
    if(b -> borrowbook( ) == 0)
    {
        cout << "该图书已借出" << endl;
        break;
    }
    r -> borrowbook(b -> getno( ));
    break;
case 2:
    cout << " 还书        读者编号: ";
    cin >> readerid;
    cout << " 图书编号: ";
    cin >> bookid;
    r = ReaderDB.query(readerid);
    if(r == NULL)
    {
        cout << " 不存在该读者" << endl;
        break;
    }
    b = BookDB.query(bookid);
    if(b = NULL)
    {
        cout << "不存在该图书" << endl;
        break;
    }
    b -> retbook( );
    r -> retbook(b -> getno( ));
```

```
        break;
    case 3 :
        BookDB.bookdata( );
        break;
    case 4 :
        ReaderDB.readerdata( );
        break;
        }
    }
}
```

10.5.4　系统运行结果

系统首先进入主界面，如图 10-4 所示。

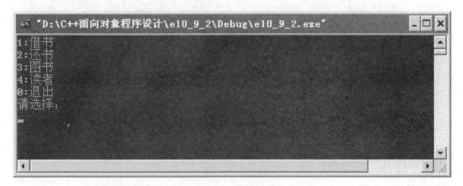

图 10-4　主界面

（1）选择 3，进入图书管理界面。

（2）选择 1，输入图书编号：101，输入图书书名：C++；选择 1，输入图书编号：102，输入图书书名：Java，选择 5，显示图书，如图 10-5 所示。

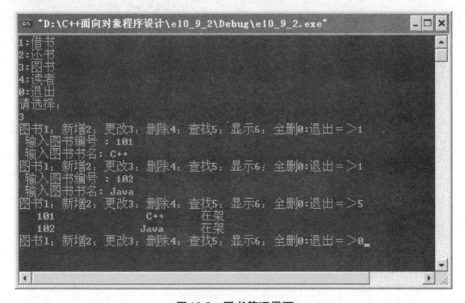

图 10-5　图书管理界面

（3）退出图书管理界面，返回主界面，选择4，进入读者管理界面。

（4）选择1，输入读者编号：201，输入读者姓名：Li；选择1，输入读者编号：202，输入读者姓名：Chen，如图10-6所示。

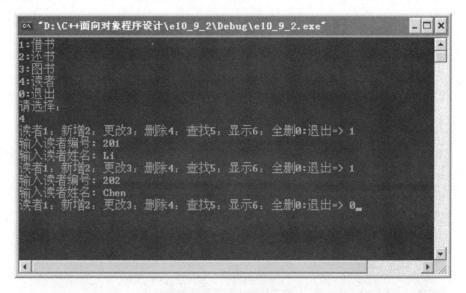

图 10-6　读者管理界面

（5）退出读者管理界面，返回主管界面，选择1，进入借书管理界面，完成借书操作，如图10-7所示。

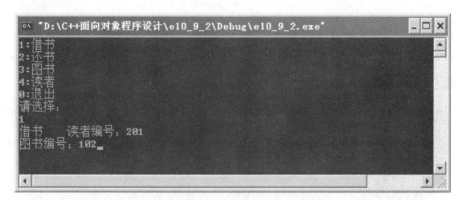

图 10-7　借书界面

第11章 实 验 指 导

11.1 Microsoft Visual C++ 6.0集成开发环境简介

启动 Microsoft Visual C++ 6.0 进入集成开发环境，如图 11-1 所示。

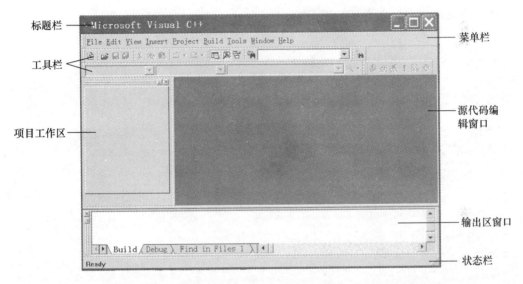

图 11-1   Microsoft Visual C++ 6.0 集成开发环境

Microsoft Visual C++ 6.0 主窗口由标题栏、菜单栏、工具栏、项目工作区窗口、源代码编辑区窗口、输出区窗口和状态栏组成。标题栏（如图 11-2 所示）位于屏幕窗口最上方，显示所打开的应用程序。下面具体介绍菜单栏和工具栏。

图 11-2   标题栏

11.1.1 菜单栏

标题栏下方是菜单栏（如图 11-3 所示），由 9 个菜单项 File、Edit、View、Insert、Project、Build、Tools、Window 和 Help 组成。

File Edit View Insert Project Build Tools Window Help

图 11-3　菜单栏

1. File（文件）菜单

打开 File 菜单（如图 11-4 所示），共有 14 个选项，主要功能是用来对文件进行创建、保存、打开、关闭和打印。

File 菜单常用的选项有以下几种。

（1）New（新建）选项。选择该选项，出现如图 11-5 所示的对话框。该对话框是用来创建新的文件、项目、工作区或其他文档的，它有 4 个标签：Files（文件）、Projects（工程）、Workspaces（工作区）和 Other Documents（其他文档）。

图 11-4　File 菜单

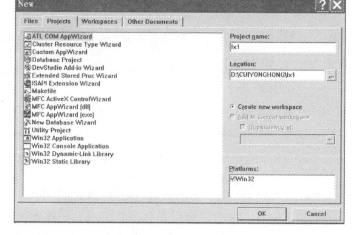

图 11-5　New 对话框

① Files 标签，显示出可创建的文件类型有：

- Active Server Page（服务器页文件）；
- Binary File（二进制文件）；
- Bitmap File（位图文件）；
- C/C++ Header File（C/C++ 头文件）；

- C++ Source File（C++ 源程序文件）；
- Cursor File（光标文件）；
- HTML Page（HTML 页文件）；
- Icon File（图标文件）；
- Macro File（宏文件）；
- Resource Script（资源脚本文件）；
- Resource Template（资源模板文件）；
- SQL Script File（SQL 脚本文件）；
- Text　File（文本文件）。

② Projects 标签，显示出可供选择的项目类型有：

- ATL COM AppWizard（ATL 应用程序创建向导）；
- Cluster Resource Type Wizard（簇资源类型创建向导）；
- Custom AppWizard（自定义的应用程序创建向导）；
- Database Project（数据库项目）；
- DevStudio Add-in Wizard（DevStudio 添加向导）；
- Extended Stored Proc Wizard（扩展存储编程向导）；
- ISAPI Extension Wizard（ISAPI 扩展向导）；
- Makefile（C/C++ 生成文件）；
- MFC ActiveX ControlWizard（MFC Activex 控制程序创建向导）；
- MFC AppWizard（d11）（MFC 动态链接库创建向导）；
- MFC AppWizard（exe）（MFC 可执行程序创建向导）；
- New Database Wizard（新数据库创建向导）；
- Utility Project（单元项目）；
- Win32 Application（win32 应用程序）；
- Win32 Console Application（Win32 控制台应用程序）；
- Win32 Dynamic-Link Library（win32 动态链接库）；
- Win32 Static Library（win32 静态库）。

③ Workspaces 标签，可以创建各种类型的工作区。

④ Other Documents 标签，可以创建文档。

（2）Open（打开）选项。选择该选项，弹出"打开"对话框，该对话框可用来打开 C++ 源文件、项目文件和其他文件。

（3）Close（关闭）选项。该选项用于关闭在当前窗口中打开的文件。若该文件修改后而未保存，则系统会提示用户保存该文件。

（4）Open Workspace（打开工作区）选项。该选项用于打开工作区的文件。该类文件可以包含一个或几个工程项目文件。

（5）Close Workspace（关闭工作区）选项。该选项用于关闭当前工作区的文件。

（6）Save（保存）选项。该选项用于保存当前窗口中的文件。

（7）Save As（另存为）选项。该选项用于将已打开的文件保存为一个新的文件名。

（8）Save All（全部保存）选项。该选项用于保存当前窗口中所有被打开的文件的内容。

（9）Page Setup（页面设置）选项。该选项用于设置文档打印时的页面。选择该选项后，弹出 Page Setup 对话框，可以设置和格式化打印结果。

（10）Recent Files（新近的文件）选项。该选项用于显示最近打开过的文件名。单击该文件名可以打开该文件。

（11）Recent Workspace（新近的工作区）选项。该选项用于显示最近打开的工作区文件名。

（12）Exit（退出）选项。该选项用于退出 Microsoft Visual C++ 6.0 编译系统。

2．Edit（编辑）菜单

Edit 菜单的功能是对文档进行编辑和搜索，常用的选项有以下几种。

（1）Find（查找）选项。该选项用于在当前打开的文件中查找指定的字符串。

（2）Find in Files（查找文件）选项。该选项用于在指定类型的文档中查找指定的内容。

（3）Go To（定位）选项。该选项用于指定如何将光标移到当前活动窗口的指定位置，其主要。

（4）Bookmarks（书签）选项。该选项用于设置、命名、读取和删除书签。

（5）Breakpoints（断点）选项。该选项用于设置、删除和查看断点，断点的作用是在调试程序时中断程序的执行，以便检查程序代码中变量和寄存器的值。

（6）List Members（函数成员列表）选项。该选项用于列出当前光标处类的成员。

（7）Parameter Info（参数信息）选项。该选项用于显示光标处函数的参数信息，可给用户书写函数调用提供参考。

3．View（查看）菜单

View 菜单包含用于控制屏幕显示方式和调试信息的命令选项，提供访问 MFC Class Wizard 的方法。

View 菜单常用的选项有以下几种。

（1）Class Wizard（建立类向导）选项。该选项用于显示 MFC Class Wizard 对话框，打开类向导建立类。

（2）Full Screen（全屏幕显示）选项。该选项用于使源代码编辑区扩大到全屏幕。

（3）Workspace（工作区）选项。该选项用于打开项目工作区窗口。

（4）Output（输出）选项。该选项用于打开数据输出窗口，显示编译信息。

（5）Debug Window（调试窗口）选项。该选项用于打开与调试有关的窗口。

（6）Properties（属性）选项。该选项用于显示当前窗口中对象的属性。

4．Insert（插入）菜单

Insert 菜单用于创建新类、资源、窗体，并将它们插入到文档中，也可以将文件作为文本插入到文档中或把新的 ATU 对象添加到项目中。

Insert 菜单常用的选项有以下几种。

（1）New Class（新建类）选项。该选项用于在当前工程文件中插入一个新类。

（2）Resource Copy（资源副本）选项。该选项用于复制选定的资源。

（3）File As Text（文本文件）选项。该选项用于选择插入到文档中的文件。

（4）New ATL Object（新建 ATL 对象）选项。该选项用于启动 ATL Object Wizard，把新的对象添加到项目中。

5. Project（工程）菜单

Project 菜单用于管理项目和工作区，常用的选项有以下几种。

（1）Set Active Project（设置活动工程）选项。该选项用于选择当前活动项目。

（2）Add To Project（添加工程）选项。该选项用于将新文件、文件夹、部件及控制加到指定的项目中。

（3）Insert Project Into Workspace（插入工程到工作区）选项。该选项用于将项目插入到工作区中。

6. Build（建立）菜单

Build 菜单用于编译、连接和运行应用程序，常用的选项有以下几种。

（1）Compile（编译）选项。该选项用于编辑显示在源代码编辑窗口中的源文件。

（2）Build（建立）选项。该选项用于建立当前文件项目，对源文件或项目进行编译和链接，生成可执行文件。

（3）Rebuild All（全部重建）选项。该选项用于对工程中所有文件重新编译和连接。

（4）Execute（运行）选项。该选项用于运行生成的可执行文件。

（5）Start Debug（开始调试）选项。该选项用于启动程序的调试器。

① Go 选项。该选项用于在调试过程中从当前语句启动或继续运行。

② Stop Debugging（中断调试）选项。该选项用于中断当前调试过程，并返回到编辑状态。

③ Step Into（单步执行）选项。该选项用于设置单步执行程序，当程序执行到函数调用语句时，进入该函数体，从第一行语句开始单步执行。

④ Step Over（跳过）选项。该选项用于设置单步执行程序，当程序执行到函数调用语句时，不进入到调用的函数内，直接执行该调用语句后面的语句。

⑤ Step Out（跳出）选项。该选项用于在单步执行时从函数体内跳出，调试该函数调用语句后面的语句。

⑥ Quick Watch（快速查看）选项。该选项用于打开 Quick Watch 对话框，查看和修改变量和表达式，或将变量和表达式添加到 Watch 窗体。

7. Tools（工具）菜单

Tools 菜单用于激活常用的工具或更改选项和变量的设置，浏览用户程序中定义的符号、定制菜单与工具栏，常用的选项有以下几种。

（1）Source Browse（来源浏览器）选项。该选项用于显示与程序运行相关的符号的信息，可查看用户所定义的函数、类、数据、宏和类型，或查看用户定义的符号以及引用它们的代码等。

（2）Close Source Browse File（结束来源浏览器）选项。该选项用于关闭已打开的 Browse 窗口。

8. Window（窗口）菜单

Window 菜单用于进行有关窗口的操作，常用的选项有以几种。

（1）New Window（新建窗口）选项。该选项用于为当前项目文件打开一个新窗口。

（2）Close（关闭）选项。该选项用于关闭当前打开的窗口。

（3）Close All（全部关闭）选项。该选项用于关闭所有打开的窗口。

（4）Next（后一个窗口）选项。该选项用于显示下一个窗口。

（5）Prerious（前一个窗口）选项。该选项用于显示前一个窗口。

9. Help 菜单

Help 菜单用于取得帮助信息，常用的选项有以下几种。

（1）Contents（目录）选项。该选项用于所有帮助的内容。

（2）Search（搜索）选项。该选项用于查找指定索引关键字的有关内容。

（3）Index（索引）选项。该选项用于显示帮助索引。

11. 1. 2　工具栏

主窗口在默认情况下显示三个常用的工具栏：Standard、Build 和 WizardBar 工具栏，如果要使用其他工具栏，将鼠标指向工具栏的位置，然后右击，在出现的快捷菜单中进行选择。

下面介绍常用工具栏中所含工具项的功能和用法。

1. Standard（标准）工具栏

标准工具栏含有 15 个工具项，如图 11-6 所示。

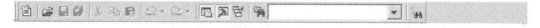

图 11-6　标准工具栏

标准工具栏中自左至右各工具项按钮的功能介绍如下。

（1）New Text File：创建新的文本文件；

（2）Open（Ctrl + O）：打开已有的文本文档；

（3）Save（Ctrl + S）：保存文档；

（4）Save All：保存所有打开的文档；

（5）Cut（Ctrl + X）：把选定的内容剪切到剪贴板上；

（6）Copy（Ctrl + C）：把选定的内容复制到剪贴板上；

（7）Pase（Ctrl + V）：在当前光标处粘贴剪切板中的内容；

（8）Undo（Ctrl + Z）：取消最近一次编辑操作；

（9）Redo（Ctrl + Y）：恢复前一次取消的操作；

（10）Workspace：显示或隐藏工作区；

（11）Output：显示或隐藏输出窗口；

（12）Windows List：管理当前打开的窗口；

（13）Find in Files：在多个文件中搜索字符串；

（14）Find（Ctrl + D）：激活查找工具；

（15）Search：搜索联机文档。

2. Build MiniBar（微型编译）工具栏

Build MiniBar（微型编译）工具栏有 6 个工具项。如图 11-7 所示，自左至右各工具项按钮的功能介绍如下。

（1）Compile（Ctrl + F7）：编译文件；

（2）Build（F7）：建立项目；

（3）Stop Build（Ctrl + Break）：停止建立项目；

（4）Execute Program（Ctrl + F5）：执行程序；

（5）Go（F5）：启动或继续程序的执行；

（6）Insert / Remove Breakpoint（F9）：插入或删除断点。

图 11-7　微型编译工具栏

3. WizardBar（向导）工具栏

WizardBar（向导）工具栏含有 4 个工具项。如图 11-8 所示，自左至右各工具项按钮的功能介绍如下。

（1）WizardBar C++ Class：列出当前活动工程中的所有类；

（2）WizardBar C++ Filter：选择当前类的成员函数；

（3）WizardBar C++ Members：选择类成员；

（4）Wizard Action：用于新建类。

[Globals] ▼ [All global member ▼ [No members - Create New Class... ▼

图 11-8　向导工具栏

11.1.3　项目工作区

项目是一些相互关联的源文件的集合，这些源文件被编译连接生成一个可执行文件。项目工作区组织文件、项目和项目配置。项目工作区的内容和设置通过项目工作区文件来描述，扩展名为 .dsw。

通过项目工作区窗口可以查看和修改项目中的各个元素。在创建或打开项目工作区时，项目工作区窗口中将显示与项目有关的三种面板：类面板、资源面板和文件面板。

- 类面板在项目工作区窗口中显示该项目中所有类及其成员函数。
- 文件面板在工作区窗口中显示项目中的各文件及其与项目之间的关系。
- 资源面板在项目工作区窗口中显示项目中的所有资源。

在项目工作区，单击"＋"号时，依次打开树形结构的某项，如果双击某一项，就会在编辑窗口打开该选项。

11.2　实验一　简单程序设计

1. 实验目的与要求

（1）熟悉 Visual C++ 6.0 集成开发环境。

（2）掌握 C++ 程序的编辑、编译、调试和运行的方法。

（3）掌握运算符的概念与使用方法，掌握简单的程序设计方法。

（4）掌握输入/输出的方法。

（5）了解运算符的优先级。

2. 实验内容

（1）指出下列程序的运行结果。

```cpp
#include < iostream.h >
void main( )
{
    int x =1,y =2 ;
    x = ++x -y;
    y =x +y;
    x =x ++ ;
    y =x -y;
    cout << "x = " << x << ", y = " << y << endl;
}
```

（2）用 sizeof 运算符计算某种数据类型在内存中所占的字节数，输出结果。

（3）上机练习第 1 章习题一中的"三、分析下列程序的运行结果"。

11.3　实验二　控制语句

1. 实验目的与要求

（1）掌握 if 语句的应用。

（2）掌握 switch 语句的应用。

（3）掌握循环语句的应用。

2. 实验内容

（1）编写一个判断整除的程序，运行时提示用户输入一个整数，判断其能否被 2，3，5 整除，并输出下列信息之一：

① 能同时被 2，3，5 整除；

② 能被其中两个数整除；

③ 能被其中一个数整除；

④ 不能被 2，3，5 整除。

```cpp
#include <iostream.h>
void main()
{
    int n;
    cout << "请输入一个整数：";
    cin >> n;
    cout << endl;
    if((n%2 ==0)&&(n%3 ==0)&&(n%5 ==0))
        cout << n << "能被 2,3,5 整除." << endl;
    else
        if(n%2 ==0)
         if(n%3 ==0)
           cout << n << "能被 2 和 3 整除." << endl;
         else
           if(n%5 ==0)
             cout << n << "能被 2 和 5 整除." << endl;
           else
             cout << n << "能被 2 整除." << endl;
        else
           if(n%3 ==0)
            if(n%5 ==0)
              cout << n << "能被 3 和 5 整除." << endl;
            else
              cout << n << " 能被 3 整除." << endl;
           else
             if(n%5 ==0)
               cout << n << "能被 5 整除." << endl;
             else
               cout << n << "不能被 2,3,5 整除." << endl;
```

```
}
```

（2）用 do-while 语句控制，每次判断 5 个整数的整除性，重新编程实现第（1）题。

```cpp
#include < iostream.h >
void main( )
{
    int n,i =0 ;
    do
    {
        cout << "请输入一个整数："；
        cin >>n;
        cout << endl;
        if((n%2 ==0)&&(n%3 ==0)&&(n%5 ==0))
          cout <<n << "能被 2,3,5 整除."<< endl;
        else
         if(n%2 ==0)
           if(n%3 ==0)
             cout <<n << "能被 2 和 3 整除."<< endl;
          else
           if(n%5 ==0)
             cout <<n << "能被 2 和 5 整除."<< endl;
          else
            cout <<n << "能被 2 整除."<< endl;
        else
         if(n%3 ==0)
           if(n%5 ==0)
             cout <<n << "能被 3 和 5 整除."<< endl;
           else
             cout <<n << "能被 3 整除."<< endl;
         else
           if(n%5 ==0)
             cout <<n << "能被 5 整除."<< endl;
           else
             cout <<n << "不能被 2,3,5 整除."<< endl;
      i++ ;
    }while(i < =4);
}
```

（3）用 if 语句模拟计算器。

```cpp
#include < iostream.h >
void main( )
{
    char c;
    int a,b,x;
    cout << "Enter a: ";
    cin >>a;
    cout << "Enter + 、- 、* 、/ : ";
    cin >> c;
    cout << "Enter b: ";
    cin >>b;
    cout << endl;
    if(c =='+')
    {
```

```
        x = a + b;
        cout << a << " + " << b << " = " << x << endl;
    }
    else if(c =='-')
    {
        x = a - b;
        cout << a << " - " << b << " = " << x << endl;
    }
    else if(c =='*')
    {
        x = a * b;
        cout << a << " * " << b << " = " << x << endl;
    }
    else if(c =='/ ')
    {
        x = a / b;
        cout << a << "/" << b << " = " << x << endl;
    }
}
```

(4) 报数游戏。A，B，C，D，E，F，G 共 7 个人站成一排报数，自 A 依次报到 G 后又自 G 依次报到 A。

编写一个报数游戏程序，输入一个整数，输出 A～G 谁先报到该数。

```
#include < iostream.h >
void main( )
{
    int n,m;
    cout << "请输入一个整数: " << endl;
    cin >> m;
    n = m%12;
    switch(n)
    {
     case 1:
         cout << "A 先报到" << m << endl;
         break;
     case 2:
     case 0:
         cout << "B 先报到" << m << endl;
         break;
     case 3:
     case 11:
         cout << "C 先报到" << m << endl;
         break;
     case 4:
     case 10:
         cout << "D 先报到" << m << endl;
         break;
     case 5:
     case 9:
         cout << "E 先报到" << m << endl;
         break;
     case 6:
     case 8:
```

```
        cout << "F 先报到" << m << endl;
        break;
    case 7:
        cout << "G 先报到" << m << endl;
        break;
    }
}
```

(5) 编写一个程序，按下列公式计算 e 的值。

$$e = 1 + 1/1! + 1/2! + 1/3! + ... + 1/n!$$

要求最后一项小于 0.00001。

```
#include < iostream.h >
void main( )
{
    int i =1;
    double e =1.0,x,y;
    x =1.0;
    y =1/x;
    while(y > =0.001)
    {
        x =x * i;
        y =1/x;
        e + =y;
        ++i;
    }
    cout << "e = " << e << endl;
}
```

(6) 编写一个程序，输入两个正整数，输出它的最大公约数。

```
#include < iostream.h >
void main( )
{
    int i,j,t;
    cout << "请输入一个正整数：";
    cin >> i;
    cout << "请输入另一个正整数：";
    cin >> j;
    if(i < j)
    {
        t = i;
        i = j;
        j = t;
    }
    t = i%j;
    while(t)
    {
        i = j; j = t; t = i%j;
    }
    cout << "最大公约数是：" << j << endl;
}
```

（7）编写一个程序，输入两个正整数，输出它们的最小公倍数。

（8）"百鸡问题"：鸡翁一，值钱五；鸡母一，值钱三；鸡雏三，值钱一。百钱买百鸡，问鸡翁，鸡母，鸡雏各几个？编写一个程序求解。

```cpp
#include<iostream.h>
void main( )
{
    int i,j,k,s,r;
    cout << "鸡翁  鸡母  鸡雏" << endl;
    for(i=0;i<=100;i++)
        for(j=0;j<=100;j++)
            for(k=0;k<=100;k++)
            {
             s=i+j+k;
             r=5*i+3*j+k/3;
             if(s==100&&r==100)
             cout << i << "    " << j << "    " << k << endl;
             }
}
```

（9）上机练习第 2 章习题二中的"三、分析下列程序的运行结果"。

11.4 实验三 函数

1. 实验目的与要求

掌握函数的重载。

2. 实验内容

（1）汉诺塔（Tower of Hanoi）问题。

有三根标号为 A，B，C 的柱子，在 A 柱上存放着 n 个盘子，盘子大小不等，大的在下面，小的在上面，如图 11-9 所示。要求将 n 个盘子从 A 柱移到 C 柱，在移动过程中可以借助 B 柱，一次只能移动一个盘子，且在移动过程中在三根柱子上大盘不能放在小盘的上面。

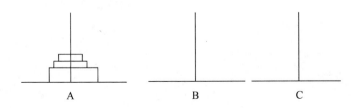

图 11-9 汉诺塔问题

用递归方法解决：

① 借助 C 柱，将 A 柱上的 n－1 个盘子移到 B 柱上；

② 将 A 柱上最后一个盘子移到 C 柱上；

③ 借助 A 柱，将 B 柱上的 n－1 个盘子移到 C 柱上。

```cpp
#include <iostream.h>
void move(char one,char another)
{
    cout << one << "->" << another << endl;
}
void hanoi(int n,char n1,char n2,char n3)
{
    if(n==1)
        move(n1,n3);
    else
    {
        hanoi(n-1,n1,n3,n2);
        move(n1,n3);
        hanoi(n-1,n2,n1,n3);
    }
}
void main()
{
    void hanoi(int n, char n1,char n2, char n3);
    int x;
    cout << "请输入 A 柱子上的盘子总数：";
    cin >> x;
    cout << "移动" << x << "个盘子的步骤为：" << endl;
    hanoi(x, 'A', 'B', 'C');
}
```

(2) 编排日历。编写一个程序，输入年份，输出该年年历。

```cpp
#include <iostream.h>
#include <iomanip.h>
void printmonth(int m);
void printhead(int m);
int daysofmonth(int m);     //计算该月的天数
int firstday(int y);        //计算该年的第一天是星期几
bool leapyear(int y);       //判断闰年
int year,weekday;
void main()
{
    int i;
    cout << "请输入年份：";
    cin >> year;
    weekday = firstday(year);
    cout << "\n\n";
    cout << "        " << year << "年" << endl;
    for(i=1;i<=12;i++)
    {
        printmonth(i);
        cout << endl;
```

```
    }
    cout << " \n \n";
}
void printmonth(int m)  //打印每月日历
{
    int i,days;
    printhead(m);
    days = daysofmonth(m);
    for(i =1;i < = days;i++)
    {
        cout << setw(5) << i;
        weekday = (weekday +1)%7;
        if(weekday ==0)
        {
            cout << endl;
            cout << setw(5) << " ";
        }
    }
}
void printhead(int m)   //打印每月的日历头
{
    int i;
    cout << " \n" << setw(5) << m;
    cout << "月 日   一   二   三   四     五     六" << endl;
    cout << setw(5) << " ";
    for(i =0;i < weekday;i++)
        cout << setw(5) << " ";
}
int daysofmonth(int m)      //每月的天数
{
    switch(m)
    {
        case 1:
        case 3:
        case 5:
        case 7:
        case 8:
        case 10:
        case 12: return 31;
        case 4:
        case 6:
        case 9:
        case 11: return 30;
        case 2:
            if(leapyear(year))
                return 29;
            else
            return 28;
            default: return 0;
    }
}
bool leapyear(int y)
{
        return (y%4 ==0&&y%100 ! =0 || y%400 ==0);
```

```
}
int firstday(int y)    //判断某年元旦是星期几
{
    long s;
    s = y * 365;
    for(int i = 1;i < y;i++)
        s + = leapyear(i);   //加上全部闰年的天数
    return s% = 7;           //返回星期几
}
```

（3）"掷双骰子"游戏。

　　每个玩家每次同时滚两个骰子，每个骰子有 6 个面。每面分别标有数字 1、2、3、4、5、6。当骰子停下来以后，把朝上的两个面的点数值加起来。如果首次掷骰子后，两个面的点数之和为 7 或 11，则玩家赢。如果首次掷骰子后，两个面的点数之和为 2、3 或 12，则玩家输（庄家赢）。如果首次掷骰子后，两个面的点数之和为 4、5、6、8、9 或 10，则该和变成了玩家的"目标点"。玩家要想赢就必须继续掷骰子，直到点数与目标点数相等为止，但在此之前，玩家掷出 7 点，则玩家马上输。试编程模拟此游戏。

```
#include < iostream.h >
#include < stdlib.h > //使用系统函数 rand( )产生一个伪随机数,用函数
                          void srand(unsigned int seed)为其设置种子
int rolldice(void);
int die1,die2,worksum;
void main( )
{
    enum status{C,W,L};
    int sum,mypoint;
    enum status gamestatus;
    sum = rolldice( );
    switch(sum)
    {
      case 7 :
      case 11 :gamestatus = W;
          break;
      case 2 :
      case 3 :
      case 12 :gamestatus = L;
          break;
      default :gamestatus = C;
          mypoint = sum;
          cout << "point is" << mypoint << endl;
          break;
    }
    while(gamestatus == C)
    {
        sum = rolldice( );
        if(sum == mypoint)
        gamestatus = W;
        else
        {
            if(sum == 7)
            gamestatus = L;
```

```
        }
    }
    if(gamestatus == W)
        cout << "player wins " << endl;
    else
        cout << "player loses" << endl;
}
int rolldice(void)
{
    int die1,die2,worksum;
    unsigned seed;
    cout << "please enter an unsigned integer: ";
    cin >> seed;      //输入随机数种子
    srand(seed);    //将种子传递给 rand( )
    die1 = 1 + rand( )%6;
    die2 = 1 + rand( )%6;
    worksum = die1 + die2;
    cout << "player rolled" << die1 << " + " << die2 << " = " << worksum << endl;
    return worksum;
}
```

（4）将函数 srand （ ），rand （ ） 换到 main （ ） 函数体内，重新实现第（4）题。

（5）上机练习第 3 章习题三中的"三、分析下列程序的运行结果"。

11.5 实验四 类 与 对 象

1. 实验目的与要求

（1）掌握类的定义，成员函数的定义。

（2）掌握对象的初始化及应用。

（3）掌握构造函数的使用。

（4）熟悉友元函数。

2. 实验内容

（1）编写一个程序，计算圆柱体的体积与表面积。

```
#include < iostream.h >
const double pi = 3.1415;
class column
{
public:
    column( ){ }
    column(double a,double b) {radius = a;height = b; }
    void setcolumn( );
    void getvolume( ){volume = pi * radius * height;}
    void getsurface( ){area = 2 * pi * radius * (height + radius);}
    void disp( );
```

```
private:
      double radius;
      double height;
      double volume;
      double area;
};
void column::setcolumn()
{
      double r,h;
      cout << "请输入圆柱体的半径与高！" << endl;
      cout << "radius = ";
      cin > >r;
      cout << "height = ";
      cin > >h;
      radius =r;
      height =h;
}
void column::disp()
{
      cout << endl;
      cout << "体积: " << volume << endl;
      cout << "表面积: " << area << endl;
}
void main()
{
      column obj1(1,2),obj2;
      obj2.setcolumn();
      obj1.getvolume();
      obj1.getsurface();
      cout << "obj1";
      obj1.disp();
      obj2.getvolume();
      obj2.getsurface();
      cout << "obj2";
      obj2.disp();
}
```

（2）改编第（1）题。

将 setcolumn（ ）改为：

```
void setcolumn(double r, double h)
{
    radius =r;
    height =h;
}
```

（3）上机练习第 4 章习题四中的"三、分析下列程序的运行结果"。

11.6 实验五 数组

1. 实验目的与要求

（1）理解一维数组的定义。

（2）掌握一维数组的应用。

（3）理解二维数组的定义。

（4）掌握二维数组的应用。

（5）了解字符串数组。

2. 实验内容

（1）编写一个程序，计算某同学 7 门课程的平均成绩。

```cpp
#include < iostream.h >
void main( )
{
    float a[7];
    float sum = 0,avg;
    for(int i = 0;i < 7;i++ )
    {
        cout << "第" << i +1 << "门课成绩: " << endl;
        cin >> a[i];
    }
    for(i = 0;i < 7;i++ )
    sum + = a[i];
    avg = sum/7;
    cout << "平均成绩为: " << avg << endl;
}
```

（2）起泡排序。编写一个程序，对 10 个数从小到大排序。

```cpp
#include < iostream.h >
void main( )
{
    int item[ ] = {8,2,4,11,13,7,5,3,9,1};
    int temp,i,j,k;
    for(i = 0;i < 9;i++ )
    {
        for(j = 9;j > i;j -- )
          if(item[j] < item[j -1])
          {
              temp = item[j];
              item[j] = item[j -1];
              item[j -1] = temp;
          }
    }
```

```
    for(k = 0;k < 10;k++)
        cout << item[k] << ",";
}
```

（3）输入一个长度小于 50 的字符串，逆转字符串后输出。

```
#include < iostream.h >
#include < string.h >
void main( )
{
    char str[50],revstr[50];
    int length = 0;
    int i = 0;
    cout << "请输入字符串: ";
    cin >> str;
    length = strlen(str);
    while(length --)
    revstr[i++] = str[length];
    revstr[i] = '\0';
    cout << "字符串逆转的结果是: " << revstr << endl;
}
```

（4）上机练习第 5 章习题五中的"三、分析下列程序的运行结果"。

11.7　实验六　指针

1. 实验目的与要求

（1）理解指针变量。
（2）掌握指针的运算。
（3）掌握指针变量与数组、指针变量与字符串的关系。
（4）掌握用指针变量作为函数参数的方法。
（5）理解对象指针。

2. 实验内容

（1）指出下列程序的运行结果。

```
#include < iostream.h >
void swap(int  * i,int &j)
{
    int k;
    k = * i;
    * i = j;
    j = k;
}
void main( )
{
```

```
    int a = 1,b = 2;
    cout << "a = " << a << ",b = " << b << endl;
    swap(&a,b);
    cout << "a = " << a << ",b = " << b << endl;
}
```

（2）编写一个程序，输入 n 个字符后按逆序排列输出。

```
#include < iostream.h >
#include < string.h >
void fun(char * p,int j);
void main( )
{
    char * p,a[100];
    int n = 0;
    int i = 0;
    cout << "请输入字符: ";
    cin >> a;
    n = strlen(a);
    p = a;
    fun(p,n);
    cout << "逆序排列为: " << endl;
    for(i = 0;i < n;i++)
    cout << * (p + i) << "  ";
    cout << endl;
}
void fun(char * p,int j)
{
    char ch, * p1, * p2;
    int i;
    for(i = 0;i < j/2;i++)
    {
        p1 = p + i;
        p2 = p + (j - 1 - i);
        ch = * p1;
        * p1 = * p2;
        * p2 = ch;
    }
}
```

（3）上机练习第 6 章习题六中的"三、分析下列程序的运行结果"。

11.8　实验七　继承与派生

1. 实验目的与要求

（1）掌握单一继承。

（2）掌握多重继承。

（3）理解虚基类的派生类构造函数。

2. 实验内容

（1）编写学生成绩统计表程序。设计一个英语成绩管理类 English，一个计算机成绩管理类 computer 和数学成绩管理类 math，另设计一个学生类 student，它是从前三个类中派生的。程序实现输入人数、姓名、成绩，输出名次、姓名、科目、成绩、平均分。

```cpp
#include <iostream.h>
#include <iomanip.h>
#define Max 50
class English
{
    int a;
    int score[Max];
public:
    void getdata(int x,int a){score[a]=x;}
    int display (int a){return score[a];}
};
class computer
{
    int a;
    int score[Max];
public:
    void getdata(int x,int a){score[a]=x;}
    int display (int a){return score[a];}
};
class math
{
    int a;
    int score[Max];
public:
    void getdata(int x,int a){score[a]=x;}
    int display(int a){return score[a];}
};
class student:private English,private computer,private math
{
    char name[Max][10];        //声明派生类
    int average[Max];
public:
    void getdata(int index)
    {
        int score1,score2,score3;
        for(int i=0;i<index;i++)
        {
            average[i]=0;
            cout << "学生姓名：";
            cin >> name[i];
            cout << "英语　计算机　数学成绩：";
            cin >> score1 >> score2 >> score3;
            average[i] += score1;
            average[i] += score2;
            average[i] += score3;
            English::getdata(score1,i);
            computer::getdata(score2,i);
```

```
            math::getdata(score3,i);
            average[i]/=3;
        }
    }
    void sort(int N)    //直接选择排序
    {
        int i,j,k;
        int rank =1;
        for(i =0;i <N;i++)
        {
            k =0;
            while(average[k] == -1&&k <N)k++;
            for(j =1;j <N;j++)
            {
            while(average[j] == -1&&j <N)j++;
            if(j <N&&average[j] > average[k])
            k =j;
            }
            cout << setw(3) << rank++ << " ";
            cout << setw(6) << name[k] << " ";
            cout << setw(6) << English::display(k) << " ";
            cout << setw(6) << computer::display(k) << " ";
            cout << setw(6) <<math::display(k) << " ";
            cout << setw(6) << average[k] << endl;
            average[k] = -1;
        }
    }
};
void main()
{
    student A;
    int n;
    cout << "学生人数: ";
    cin >>n;
    A.getdata(n);
    cout << "名次  姓名  英语  计算机  数学  平均成绩: " <<endl;
    A.sort(n);
}
```

(2) 上机练习第 7 章习题七中的"三、分析下列程序的运行结果"。

11.9   实验八   多态性

1. 实验目的与要求

(1) 理解多态性的概念。

(2) 掌握运算符重载为成员函数。

(3) 掌握虚函数的应用。

（4）掌握纯虚函数的抽象类。

2. 实验内容

（1）重载运算符"+="。

```
#include <iostream.h>
class point
{
    int x,y;
public:
    point( ){ };
    point(int i,int j){x = i;y = j;}
    void disp( )
    {
        cout << " (" << x << "," << y << ")" << endl;
    }
    void operator + = (point A)
    {
        x + = A.x;y + = A.y;
    }
};
void main( )
{
    point M(1,2),N(3,4);
    cout << "M: ";
    M.disp( );
    cout << "N: ";
    N.disp( );
    M + = N;
    cout << "M +N: ";
    M.disp( );
}
```

（2）设计一个虚函数，求圆、圆内接正方形和圆外切正方形的面积。

```
#include <iostream.h>
const double pi =3.1416;
class shape
{
protected:
    double r;
public:
    shape(double x){r = x;}
    virtual double area( )
    {
     return 0;
    }
};
class circle:public shape
{
public:
    circle(double x):shape(x){ }
    double area( )
```

```
    {
        return pi * r * r;
    }
};
class ins:public shape
{
public:
    ins(double x):shape(x){ }
    double area( )
    {
        return 2 * r * r;
    }
};
class exs:public shape
{
public:
    exs(double x):shape(x){ }
    double area( )
    {
        return 4 * r * r;
    }
};
void main( )
{
    shape *p;
    circle c1(10);
    ins c2(20);
    exs c3(30);
    p = &c1;
    cout << "圆面积: ";
    cout << p - > area( ) << endl;
    p = &c2;
    cout << "圆内接正方形面积: ";
    cout << p - > area( ) << endl;
    p = &c3;
    cout << "圆外切正方形面积: ";
    cout << p - > area( ) << endl;
}
```

（3）上机练习第 8 章习题八中的 "三、分析下列程序的运行结果"。

11.10　实验九　输入/输出流和异常处理

1. 实验目的与要求

（1）了解输入/输出流类库的概念。

（2）掌握格式化输入/输出的操作方法。

（3）掌握有关流文件的函数使用方法。

2. 实验内容

（1）按字符将一个文本文件复制到另一个文件中。

```cpp
#include <iostream.h>
#include <fstream.h>
void main()
{
    fstream file1,file2;
    char f1[10],f2[10],ch;
    cout << "请输入源文件名：";
    cin >> f1;
    cout << "请输入目标文件名：";
    cin >> f2;
    file1.open(f1,ios::in);
    file2.open(f2,ios::out);
    while((ch=file1.get())!=EOF)
    {
        cout << ch;
        file2.put(ch);
    }
    file1.close();
    file2.close();
}
```

（2）上机练习第 9 章习题九中的"三、分析下列程序的运行结果"。

附录　复习题答案

复习题一

一、填空题

1. 字符型　整型　浮点型　void 型　布尔型
2. 字母或下划线
3. 关键字
4. 最后一个表达式
5. a < 0? −a：a
6. 8，1
7. 9

二、选择题

1. B　2. C

三、编程题

1.

```
#include < iostream.h >
void main( )
{
    float c,f;
    cout << "请输入华氏温度："；
    cin >> f;
    c = (f −32) *5/9;
    cout << "摄氏温度："<< c << endl;
}
```

2.

```
#include < iostream.h >
void main( )
{
    int n,a,b,c,d,e;
    cout << "请输入一个五位正整数："；
    cin >> n;
    a = n/10000; n = n − a *10000;
    b = n/1000; n = n − b *1000;
    c = n/100; n = n − c *100;
    d = n/10; n = n − d *10;
    e = n;
    cout << "反向输出："<< e << d << c << b << a << endl;
}
```

复习题二

一、填空题

1. 执行一次

2. while   do – while   for

3. while   do – while   for   switch   switch

4. 20，0

5. 4

6. 6

7. 5，3

8. 0

9. n = 2304000

二、选择题

1. A   2. C   3. B   4. D   5. C

三、编程题

1.

```cpp
#include < iostream.h >
#include < math.h >
void main( )
{
    double  X, Y;
    cout << "请输入一个正数：";
    cin >> X;
    double  X0,X1;
    X1 = 1.0;
    if(X > 0.0)
    {
        do
        {  X0 = X1;
            X1 = (X0 + X /X0) /2;
        }while(fabs((X1 – X0) /X1) > 1.0e –10);
        Y = X1;
    }
    else
    Y = X;
        if(Y < 0.0)
            cout << "不存在平方根！" << endl;
        else
            cout << X << "这个数的平方根为：" << Y;
}
```

2.

```cpp
#include < iostream.h >
void main( )
{
    int   s = 0,a = 1;
    for(int i = 1;i < =100;i++)
```

```
    {
       a = a * i;
       s = s + a;
    }
    cout << "1! + 2! + 3! + ... + 100! = " << s << endl;
}
```

3.

```cpp
#include < iostream.h >
#include < math.h >
void main ( )
{
    double a,b,c,s,area;
    cout << "请输入三边: ";
    cin >> a >> b >> c;
    s = (a + b + c)/2;
    area = sqrt (s * (s - a) * (s - b) * (s - c));
    cout << "三角形面积为: " << area << endl;
}
```

4.

```cpp
#include < iostream.h >
#include < math.h >
void main ( )
{
    int n = 1;
    double u = 1.0,s = 0.0,a = 1.0;
    while (fabs (u) > = 1.0e - 6)
    {
        s = s + u;
        n = n + 2;
        a = - a;
        u = a /n;
    }
    cout << "π = " << 4 * s << endl;
}
```

5.

```cpp
#include < iostream.h >
#include < math.h >
void main ( )
{
    int a,b;
    int n = 0;
    do
    {
      cout << "请输入第一个自然数 a: " << endl;
      cin >> a;
      cout << "请输入第二个自然数 b: " << endl;
      cin >> b;
      if (a > = b)
      {
        cout << "输入有错误,请重新输入" << endl;
        continue;
      }
```

```
    break;
  }while(1);
  for(int i =a;i <b;i++)
  {
    for(int j =2;j < =i;j++)
      if(i%j ==0)
      break;
      if(j == i)
      {
          if(n%5 ==0)
          cout << endl;
          n++;
          cout << i << "  ";
        }
      }
  cout << endl;
}
```

6.

```
#include <iostream.h>
void main( )
{
  int a1,a2,a3,a4,a5,a6,a7,a8,a9,a10;
  int i,j,n,s;
  for (j =2;j < =1000;j++)
  {
   n =0;
   s =j;
   for (i =1;i < j;i++)
   {
     if ((j%i) ==0)
     {
        n++;
        s =s - i;
        switch(n)
        {
        case 1:
            a1 =i;
            break;
        case 2:
            a2 =i;
            break;
        case 3:
            a3 =i;
            break;
        case 4:
            a4 =i;
            break;
        case 5:
            a5 =i;
            break;
        case 6:
            a6 =i;
            break;
```

```
            case 7:
                a7 = i;
                break;
            case 8:
                a8 = i;
                break;
            case 9:
                a9 = i;
                break;
            case 10:
                a10 = i;
                break;
            }
        }
    }
    if (s == 0)
    {
        cout << j << "是一个完全数!它的因子是: ";
        if (n > 1)
            cout << a1 << "  " << a2 << "  ";
        if (n > 2)
            cout << a3 << "  ";
        if (n > 3)
            cout << a4 << "  ";
        if (n > 4)
            cout << a5 << "  ";
        if (n > 5)
            cout << a6 << "  ";
        if (n > 6)
            cout << a7 << "  ";
        if (n > 7)
            cout << a8 << "  ";
        if (n > 8)
            cout << a9 << "  ";
        if (n > 9)
            cout << a10 << "  ";
        cout << endl;
    }
}
}
```

复习题三

一、填空题

1. 静态变量

2. inline

3. 参数类型，参数个数，不同类型参数的次序

二、选择题

1. A 2. C 3. A

三、编程题

1.

```cpp
#include < iostream.h >
void f(int);
void main( )
{
    f(3);
}
void f(int n)
{
    char c;
    if(n < =1)
    {
        cout << "请输入一个字符：";
        cin >> c;
        cout << c;
    }
    else
    {
        cout << "请输入一个字符：";
        cin >> c;
        f(n -1);
        cout << c;
    }
}
```

2.

```cpp
#include < iostream.h >
int   f(int n);
void main( )
{
    for(int   i =100;i <1000;i++)
    {
        if(f(i))
        cout << i << "   ";
    }
    cout << endl;
}
int  f(int n)
{
    int a,m =0;
    a =n;
    while(a)
    {
        m =m*10 +a%10;
        a =a/10;
    }
    return(m == n);
}
```

3.

```cpp
#include < iostream.h >
int   f(int n);
void main( )
```

```
{
    int   n,s;
    cout << "请输入一个整数: " << endl;
    cin >> n;
    s = f(n);
    cout << "这个数各位数之和是: " << s << endl;
}
int f(int x)
{
    int s = 0;
    while(x)
    {
        s = s + x%10;
        x = x/10;
    }
    return(s);
}
```

4.
```
#include < iostream.h >
#include < math.h >
bool fun(int p)          //判断素数
{
    int i = 2;
    bool f = 1;
    while(i <= sqrt(p)&&f)
    {
        if(p% i == 0))
            f = 0;
        else
            i++;
    }
    return f;
}
void main( )
{
    int a = 4 ,x,y,k = 0 ,n;
    cout << "请输入一个大于 2 的偶数:";
    cin >> n;
    if(n <= 3)
        cout << "输入有错误,请重新输入!" << endl;
    else
    {
        while(a <= n)
        {
            x = 2;
            y = a - x;
            while(!fun(x) | | !fun(y))
            {
                x = x + 1;
                y = a - x;
            }
            if(k >= 5)
            {
```

```
        cout << endl;
            k = 0;
        }
        cout << a << " = " << x << " + " << y << "   ";
        k++;
        a = a + 2;
    }
    cout << endl << "在此范围内,歌德巴赫猜想已被验证" << endl;
    }
}
```

复习题四

一、填空题

1. 标识符

2. 数据成员　成员函数

3. protected

4. 私有

5. 类名

6. 返回

7. 析构

8. 静态

二、编程题

1.

(1)myclass (float i)

(2) ~myclass ( ) { cout << "Destructor called" << endl;}

(3)cout << "x 的值是" << obj.Getx ( ) << endl;

2.

```
#include < iostream.h >
#include < math.h >
class point
{
private:
    double X1,Y1,X2,Y2;
public:
    void setpoint ( );
    void disp ( )
      {
        double d;
        d = sqrt ((X1 - X2) * (X1 - X2) + (Y1 - Y2) * (Y1 - Y2));
        cout << d << endl;
      }
};
void point ::setpoint ( )
{
    double x1,y1,x2,y2;
    cout << " 请输入第一个点的坐标: " << endl;
    cout << " x1 = ";
```

```
    cin >> x1;
    cout << " y1 = ";
    cin >> y1;
    cout << endl;
    cout << " 请输入第二个点的坐标: " << endl;
    cout << " x2 = ";
    cin >> x2;
    cout << " y2 = ";
    cin >> y2;
    X1 = x1;Y1 = y1;X2 = x2;Y2 = y2;
}
void main( )
{
    point mypoint;
    mypoint.setpoint( );
    cout << "两点间的距离是: ";
    mypoint.disp( );
}
```

复习题五

一、填空题

1. 标识符

2. n

3. 大于

4. 大于

5. string. h

二、选择题

1. A　2. D　3. C　4. B　5. B

三、编程题

1.

```cpp
# include < iostream.h >
void main( )
{
    bool a[1000];
    int i,n,t = 1;
    for (i = 0;i < = 1000;i++ )
      a[i] = 1;
      a[0] = 0;
      cout << "1000 以内的素数有: " << endl;
      for (n = 1;n < = 1000;n++ )
        if (a[n - 1] == 1)
        {
            cout << n << "   ";
            if (t++ > = 10)
            {
                cout << endl;
                t = 1;
            }
        }
```

```
        for (i =n;i < =1000;i + =n)
          a[i -1] =0;
      }
    if (t! =1)
    cout << endl;
}
```

2.
```
#include < iostream.h >
void main ( )
{
  int num[20],i =0,j,m,n;
  cout << "请输入一个整数：";
  cin >>n;
  m =n;
  do
  {
    i++ ;
    num[i] =m%16;
    m =m/16;
  }while (m! =0);
  cout <<n << "转换成16进制是：";
  for(j =i;j > =1;j -- )
    if (num[j] < =9)
      cout << num[j];
    else
      cout << num[j] -9 + 'a';
}
```

3.
```
#include < iostream.h >
void main( )
{
    int a[20];
    int i, j, n, s, m;
    cout << "请输入要寻找完全数的范围：";
    cin >>m;
    for(j =2;   j < =m;   j++ )
    {
      n =0;
      s =0;
      for(i =1;   i <j;   i++ )
      {
        if((j%i) ==0)
        {
          s =s +i;
          n++ ;
          a [n] = i;
        }
      }
      if(s ==j)
      {
        cout <<j << "是一个完全数，它的因子是：";
        for(i =1;i < =n;i++ )
          cout << a[i] << " ";
```

```
            cout << endl;
        }
    }
}
```

4.
```
#include < iostream.h >
const int max = 100;
class Myset
{
private:
    int element[max];
    int num;
public:
    Myset( )
    {
        num = -1;
    }
    Myset(int a[ ], int size)
    {
      if(size > = max)
        num = max -1;
      else
        num = size -1;
      for( int i = 0; i < = num; i++ )
       element[i] = a[i];
    }
    bool Ismemberof(int a)
    {
      for( int i = 0; i < = num;i++ )
        if(element[i] == a)
            return true;
        return false;
    }
    int GetEnd( ){  return num;}
    int GetElement(int i){return  element[i];}
    Myset merge(Myset &set);
    void disp( )   //输出集合中的所有元素
    {
        cout << "{";
        for(int i = 0; i < = num; i++ )
         if((i +1)%20 == 0)
           cout << element[i] << endl;
         else
           cout << element[i] << "  ";
        cout << "}";
        cout << endl;
    }
};
Myset Myset::merge(Myset &set)
{
    int a[max],size = 0;
    for(int i = 0;i < = num;i++ )
    {
```

```
          a[i] = element[i];
          size++;
        }
      for( int k = 0; k < = set.GetEnd( );k++ )
       if (!Ismemberof(set.GetElement(k)))
        a[size++] = set.GetElement(k);
       return Myset(a,size);
    }
void main( )
{
    int a[3],b[5];
    cout << "请输入包含 3 个元素的第一个集合：" << endl;
    for(int i = 0;i < 3;i++ )
      cin >> a[i];
    cout << "请输入包含 5 个元素的第二个集合：" << endl;
    for(int j = 0;j < 5;j++ )
      cin >> b[j];
    Myset set1(a,3),set2(b,5),set3;
    cout << "两个集合分别是：" << endl;
    set1.disp ( );
    set2.disp ( );
    set3 = set1.merge(set2);
    cout << endl << "两个集合的并集是：" << endl;
    set3.disp ( );
}
```

复习题六

一、填空题

1. 地址

2. $*(*(a+i)+j)$ $*(a[i]+j)$ $(*(a+i))[j]$ $*(&a[0][0]+3*i+j)$

3. 指针变量

4. 地址

5. 对象

6. 内存

二、选择题

1. D 2. D 3. A 4. D 5. B 6. A 7. C 8. A

三、编程题

1.

```
#include < iostream.h >
#include < string.h >
void max(char * s,int * m)
{
    int i, len,tmp = 0;
    len = strlen(s);
    for(i = 0;i < len;i++ )
    {
        if (s[i] == '1')
```

```
        {
            tmp++;
        }
        if(s[i]=='0')
        if (s[i-1]=='1')
        {
            if (tmp > * m)
             * m = tmp;
                tmp = 0;
        }
    }
  if(tmp > * m)
  * m = tmp;
}
void main( )
{
  char s[100];
  int m;
  cout << "请输入一个 0 / 1 字符串: " << endl;
  cin >> s;
  max(s,&m);
  cout << "0 / 1 字符串中 1 连续出现的最大次数是: " << m << endl;
}
```

2.
```
#include < iostream.h >
#include < string.h >
#define N 5
class person
{
    char name[50];
    char num[50];
public:
    void setname(char na[ ]){strcpy(name,na);}
    void setnum(char nu[ ]){strcpy (num,nu);}
    char * getname( ){return   name;}
    char * getnum( ){return   num;}
};
class compute
{
    person pn[N];
public:
    void getdata( );
    void getsort( );
    void outdata( );
};
void compute::getdata( )
{
    int i;
    char na[50],nu[50];
    cout << "请输入姓名和电话号码: " << endl;
```

```
        for(i=0;i<N;i++)
        {
          cout << "第" << i+1 << "个人: ";
          cin >> na >> nu;
          pn[i].setname(na);
          pn[i].setnum(nu);
        }
}
void compute::getsort()
{
  int i,j,k;
  person temp;
  for(i=0;i<N-1;i++)
  {
    k=i;
    for(j=i+1;j<N;j++)
    if(strcmp(pn[k].getname(),pn[j].getname())>0)
        k=j;
    temp=pn[k];
    pn[k]=pn[i];
    pn[i]=temp;
  }
}
void compute::outdata()
{
  int i;
  cout << "输出结果: " << endl;
  cout << " 姓名      电话号码" << endl;
  for(i=0;i<N;i++)
  cout << pn[i].getname() << "      " << pn[i].getnum() << endl;
}
void main()
{
  compute a;
  a.getdata();
  a.getsort();
  a.outdata();
}
```

3.
```
#include<iostream.h>
#include<string.h>
class Date
{
    int year,month,day;
public:
  Date(int y,int m,int d){year=y;month=m;day=d;}
  int getYear()const{ return year;}
  int getMonth()const{ return month;}
  int getDay()const{ return day;}
}
```

```cpp
class person
{
    char name[15];
    Date birthdate;
public:
    person(char * name, Date birthdate):birthdate(birthdate)
    {strcpy(this - >name,name);}
    const char * getName( )const{return name;}
    Date getbirthdate( )const{return   birthdate;}
    int compareName(const   person &p)const { return   strcmp(name, p.getName
    ( ));}
    int compareAge(const person &p)const
    {
      int t;
      t =p.birthdate.getYear( ) -birthdate.getYear( );
      if(t! =0) return t;
        t =p.birthdate.getMonth( ) -birthdate.getMonth( );
      if(t! =0) return t;
      return p.birthdate.getDay( ) -birthdate.getDay( );
    }
    void show( )
    {
      cout << endl;
      cout << name << "   出生日期: " << birthdate.getYear( ) << "年" << birthdate.
      getMonth( ) << "月" << birthdate.getDay( ) << "日";
    }
};
void sortByName(person ps[   ],int n)
{
    for(int i =0;i < n -1;i++ )
    {
      int m =i;
      for(int j =i +1;j <n;j++ )
        if(ps[j].compareName(ps[m]) <0)
          m =j;
        if(m >i)
      {
          person p =ps[m];
          ps[m] =ps[i];
          ps[i] =p;
      }
    }
}
void sortByAge(person ps[ ],int n)
{
    for(int i =0;i <n -1;i++ )
  {
      int   m =i;
      for(int j =i +1;j <n;j++ )
        if(ps[j].compareAge(ps[m]) <0)
```

```
            m = j;
        if (m > i)
    {
        person p = ps[m];
        ps[m] = ps[i];
        ps[i] = p;
    }
    }
}
void main( )
{
    int s,i,j;
    person A[ ] = {person("张三",Date(1980,3,6)),person("李四",Date(1990,3,6)),
    person("马六",Date(1980,3,9))};
    int n = sizeof(A)/sizeof(A[0]);
    cout << "人员信息：" << endl;
    for(i = 0;i < n;i++)A[i].show( );
    do
    {
        cout << endl;
        cout << "请选择排序方法：" << "1:按姓名排序   2:按年龄排序   其他退出" << endl;
        cin >> s;
        switch(s)
        {
        case 1 :
            cout << "按姓名排序：" << endl;
            sortByName(A, n);
            for( i = 0; i < n; i++ )A[i].show( );
            break;
        case 2 :
            cout << "按年龄排序：" << endl;
            sortByAge(A, n);
            for(j = 0; j < n; j++)A[j].show( );
            break;
        }
    }while(s > = 1&&s < = 2);
}
```

复习题七

一、填空题

1. 单继承   多继承
2. 私有
3. 派生类   基类
4. 私有
5. 构造   析构
6. 基类构造函数   内嵌对象类构造函数   派生类构造函数
7. 基类   引用   基类

二、编程题

1.

```cpp
#include < iostream.h >
#include < string.h >
#define M 30
class station
{
protected:
    char from[M];
    char to[M];
public:
    station( )
    {
        strcpy(from," "); strcpy(to," ");
    }
    void  getdata( )
    {
        cout << "请输入起点站、终点站: ";
        cin >> from >> to;
    }
    void disp( )
    {
        cout << "从" << from << "站到" << to << "站";
    }
};
class mile
{
protected:
    double m;
public:
    mile( ) {m = 0; }
    void getdata( )
    {
        cout << "输入里程: ";
        cin >> m;
    }
    void disp( )
    {
        cout << "是" << m << "公里";
    }
};
class price:public station, public mile
{
    double p;
public:
    price( ):station( ),mile( )
    {
        p = 0;
    }
    void getdata( )
    {
        station::getdata( );
        mile::getdata( );
```

```
        p = 6 + (int)(((m - 3) + 0.49) * 2) * 0.7;
    }
    void disp( )
    {
        cout << "   ";
        station::disp( );
        mile::disp( );
        cout << ",价格是" << p << "元" << endl;
    }
};
void main( )
{
    price a;
    a.getdata( );
    cout << "收费结果: " << endl;
    a.disp( );
}
```

2.

```
#include < iostream.h >
#include < string.h >
class mystring
{
    int length;
    char * contents;
public:
    int setstring(char * s);
    int getlength( ){return length;}
    char * getstring( ) {return contents; }
    void show( ){cout << contents << endl;}
    ~ mystring( ){delete contents; }
};
class editstring:public mystring
{
    int cursor;
public:
    int getcursor( ){return cursor;}
    void movecursor( int w){ cursor = w;}
    int add(mystring * newtext);
    int repl(mystring * newtext);
    void dele(int w);
};
int mystring::setstring (char * s)
{
    length = strlen(s);
    if(!contents)delete contents;
    contents = new char[length + 1];
    strcpy(contents,s);
    return length;
}
int editstring::add(mystring * newtext)
{
```

```
    int n,m,t;
    char *p,*cp;
    n = newtext - >getlength( );
    p = newtext - >getstring( );
    cp = this - >getstring( );
    t = this - >getlength( );
    char *news = new char[n + t +1];
    for(int i =0;i <cursor;i++ )
      news[i] = cp[i];
    m = i;
    for(int j =0;j <n;i++ ,j++ )
      news[i] = p[j];
    cursor = i;
    for(j =m;j <t;j++ ,i++ )
      news[i] = cp[j];
    news[i] = '\0';
    setstring (news);
    delete news;
    return cursor;
}
int editstring::repl(mystring *newtext)
{
    int n,m;
    char *p,*news;
    n = newtext - >getlength( );
    p = newtext - >getstring( );
    m = this - >getlength( );
    news = new char[m >n + cursor?m +1:n + cursor +1];
    news = this - >getstring( );
    for(int i = cursor,j =0;i <n + cursor;j++ ,i++ )
      news[i] = p[j];
    if(m <n + cursor) news[i] = '\0';
    cursor = i;
    setstring (news);
    delete news;
    return cursor;
}
void editstring::dele(int w)
{
    int m;
    char *cp;
    cp = this - >getstring( );
    m = this - >getlength( );
    for(int i = cursor;i <m;i++ )
      cp[i] = cp[i +w];
    cp[i] = '\0';
    setstring (cp);

}
void main( )
```

```
{
    char a[100],b[100],c[100];
    int n,m;
    mystring s1;
    editstring s2;
    char *cp;
    cout << "请输入字符串: " << endl;
    cin >> a;
    s1.setstring(a);
    cp = s1.getstring( );
    s2.setstring(cp);
    s2.show( );
    cout << "请输入光标位置: " << endl;
    cin >> n;
    s2.movecursor(n);
    cout << "请输入插入字符串: " << endl;
    cin >> b;
    s1.setstring(b);
    s2.add(&s1);
    s2.show( );
    cout << "请输入光标位置: " << endl;
    cin >> n;
    s2.movecursor(n);
    cout << "请输入替换字符串: " << endl;
    cin >> c;
    s1.setstring(c);
    s2.repl(&s1);
    s2.show( );
    cout << "请输入光标位置: " << endl;
    cin >> n;
    s2.movecursor(n);
    cout << "请输入删除字符个数: " << endl;
    cin >> m;
    s2.dele(m);
    s2.show( );
}
```

复习题八

一、填空题

1. 编译　运行
2. 静态　动态
3. .　　*　　::　　sizeof　　?:
4. 函数体
5. 成员函数　友元函数

二、选择题

1. D　　2. C　　3. A

三、编程题

1. 方法一

```cpp
#include <iostream.h>
#include <iomanip.h>
class matrix
{
    int r,c;
    double *elems;
public:
    matrix(int i,int j);
    double operator( )(int i,int j);
    void setelem(int i,int j,double v);
    friend matrix operator + (matrix M, matrix N);
    void show( );
};
matrix::matrix(int i,int j)
{
    r = i;
    c = i;
    elems = new double[i * j];
}
double matrix::operator( )(int i,int j)
{
    return (i >=1&&i <=r&&j >=1&&j <=c)?elems[(i-1)*c+(j-1)]:0.0;
}
void matrix::setelem(int i,int j,double v)
{
    if(i >=1&&i <=r&&j >=1&&j <=c)
      elems[(i-1)*c+(j-1)]=v;
}
matrix operator + (matrix M, matrix N)
{
    matrix t(M.r,M.c);
    if(M.r!=N.r || M.c!=N.c)
      return t;
    for(int i=1;i <=M.r;i++)
      for(int j=1;j <=M.c;++j)
        t.setelem(i,j,M(i,j)+N(i,j));
    return t;
}
void matrix::show( )
{
    for(int i=1;i <=r;i++)
    {
        for(int j=1;j <=c;j++)
        cout << setw(7) << (*this)(i,j);
      cout << endl;
    }
}
void main( )
{
    matrix A(2,2),B(2,2),C(2,2);
    A.setelem(1,1,1.5);
```

```
    A.setelem(1,2,2.5);
    A.setelem(2,1,1.1);
    A.setelem(2,2,-1.5);
    B.setelem(1,1,1.1);
    B.setelem(1,2,1.2);
    B.setelem(2,1,1.3);
    B.setelem(2,2,1.5);
    cout << "A 矩阵: " << endl;
    A.show( );
    cout << "B 矩阵: " << endl;
    B.show( );
    C = A + B;
    cout << "A + B 矩阵: " << endl;
    C.show( );
}
```

方法二

```
#include < iostream.h >
#include < iomanip.h >
const int M = 2;
const int N = 2;
class matrix
{
    double  array[M][N];
public:
    void setelem(int i,int j,double v);
    double getelem(int i,int j)const;
    friend matrix operator + (const matrix &m1, const matrix &m2);
    void show( const char * s)const;
};
void matrix::setelem(int i,int j,double v)
{
    array[i][j] = v;
}
double matrix::getelem(int i,int j)const
{
    return array[i][j];
}
matrix operator + (const matrix &m1,const   matrix &m2)
{
     matrix m;
     for(int i = 0;i < = M;i++)
       for(int j = 0;j < = N;j++)
       m.setelem(i,j,(m1.getelem(i,j) + m2.getelem(i,j)));
     return m;
}
void matrix::show(const char * s) const
{
    cout << endl << s;
    for(int i = 0;i < M;i++)
    {
      cout << endl;
        for(int j = 0;j < N;j++)
        cout << setw(4) << array[i][j];
```

```
        }
}
void main( )
{
    matrix A,B,C;
    A.setelem(0,0,10);
    A.setelem(0,1,20);
    A.setelem(1,0,30);
    A.setelem(1,1,50);
    B.setelem(0,0,1);
    B.setelem(0,1,2);
    B.setelem(1,0,30);
    B.setelem(1,1,50);
    A.show("A 矩阵: ");
    B.show("B 矩阵: ");
    C = A + B;
    C.show(" A + B 矩阵: ");
}
```

2.

```
#include < iostream.h >
#include < string.h >
#include < iomanip.h >
#include < math.h >
class vehicle
{
    char * number;
public:
    vehicle( char * n)
    {
     number = new char[strlen(n) +1];
     strcpy(number,n);
    }
    ~vehicle( ){delete[ ] number;}
    char * getnumber( ){return number;}
    virtual char * category( ) = 0;
    virtual void show( );
};
void vehicle::show( )
{
    cout << "车牌号: " << getnumber ( ) << "类别: " << category( );
}
class car:public vehicle
{
    int passengerload;
    int payload;
public:
    car( char * n,int s,int w):vehicle(n)
    {
        passengerload = s;
        payload = w;
    }
```

```
        int getpassengerload( ){return passengerload;}
        int getpayload ( ){return payload;}
        char *category( ){ return  "小车"; }
        void show( )
        {
          vehicle::show( );
          cout << "载人数: " << getpassengerload( ) << "载重量: " << getpayload ( ) <<
          endl;
        }
};
class truck:public vehicle
{
        int passengerload;
        int payload;
public:
        truck( char *n,int s,int w):vehicle(n)
        {
            passengerload = s;
            payload = w;
        }
        int getpassengerload( ){return passengerload;}
        int getpayload ( ){return payload;}
        char *category( ){ return  "卡车"; }
        void show( )
        {
            vehicle::show( );
            cout << "载人数: " << getpassengerload( ) << "载重量: " << getpayload ( ) <
            < endl;
        }
};
void main( )
{
    char t[15];
    int s,w;
    cout << "请输入车牌号: " << endl;
    cin >> t;
    cout << "请输入载人数: " << endl;
    cin >> s;
    cout << "请输入载重量: " << endl;
    cin >> w;
    car a(t,s,w);
    a.show( );
}
```

复习题九

一、填空题

1. I/O 流类库

2. 提取　插入

3. cin　cout　cerr　clog

4. ifstream　ofstream　fstream

5. 一个字符

6. iomanip. h

7. fstream. h

二、编程题

1.

```
#include < iostream.h >
#include < fstream.h >
#include < stdlib.h >
void main( )
{
    fstream  file;
    file.open("my.txt",ios::in);
    if(!file)
    {
      cout << "my.txt 文件不能打开" <<endl;
      abort ( );
    }
    char c,buf[100];
    int i =0,j =0;
    while(!file.eof( ))
    {
        file.get(c);
        i++ ;
    }
    file.close( );
    file.open("my.txt",ios::in);
    while(!file.eof( ))
    {
      file.getline(buf,sizeof(buf));
      j++ ;
    }
    cout << "my.txt 文件字符个数: " <<i <<endl;
    cout << "my.txt 文件行数: " <<j <<endl;
    file.close( );
}
```

2.

提示：参考第 9 章例 9.8，增加"添加函数"。

```
void f4( )
{
    fstream add("book.dat",ios::app);
    Friend a;
    cout << "添加数据: ";
    a.getdata( );
    add.write((char * )&a,sizeof(a));
    add.close( );
}
```

参 考 文 献

［1］ 吕凤翥. C++语言程序设计［M］. 北京：清华大学出版社，2003.

［2］ 邱龙，张巍. C++语言入门［M］. 北京：清华大学出版社，1996.

［3］ 郑莉，董渊. C++语言程序设计［M］. 北京：清华大学出版社，2001.

［4］ 李春保. C++语言——习题与解析［M］. 北京：清华大学出版社，2001.

［5］ 李春保. 曾平，刘斌. C++语言程序设计题典［M］. 北京：清华大学出版社，2002.

［6］ 孙江涛. 例说 C++ Builder［M］. 北京：北京大学出版社，2000.

［7］ 陆虹，陶霖，周晓云. 程序设计基础［M］. 北京：高等教育出版社，2003.

［8］ 蒋立翔. C++程序设计技能百练［M］. 北京：中国铁道出版社，2004.